BLV Naturführer

Alpenblumen

Alle wichtigen Alpenblumen nach Farbfotos bestimmen

Dr. Elfrune Wendelberger

Fünfte Auflage

BLV Verlagsgesellschaft
München Wien Zürich

Bildnachweis:

Eigstler: 18, 20, 24, 34, 42, 44, 46, 50u, 52, 62, 64o, 68, 70, 72o, 78, 80, 84, 90, 92, 102, 110o, 130, 134, 138
Eisenbeiss: 22, 48, 50o, 56, 74, 76o, 86, 96, 100, 104, 106o, 112, 114, 126, 128o, 140, Titelbild
Hartl: 30, 32u, 60o, 66u
Löbl: 82o, 98, 106u, 124o
Pitschmann: 32o, 132o
Reisigl: 28u, 60u, 64u, 66o, 116
Schacht, D.: 36o, 38u, 58o, 72u, 94o, 136
Schacht, W.: 76u, 82u, 94u, 110u, 128u, 132u
Schimmitat: 108
Schrempp: 26, 28o, 36u, 38o, 40, 54, 58u, 88, 118, 120, 122, 124u
Foto S. 2: Angermayer (Rostblättrige Alpenrose)

CIP-Kurztitelaufnahme der Deutschen Bibliothek

Wendelberger, Elfrune:
Alpenblumen: alle wichtigen Alpenblumen nach Farbfotos bestimmen / Elfrune Wendelberger. – 5. Aufl. – München; Wien; Zürich: BLV Verlagsgesellschaft, 1986.
(BLV Naturführer; 105)
ISBN 3-405-12207-4

NE: GT

BLV Naturführer 105

Satz und Druck: Appl, Wemding
Bindung: Großbuchbinderei Monheim

Printed in Italy · ISBN 3-405-12207-4

BLV Naturführer

Alpen · Alpenblumen · Aquarienfische · Bach – Fluß – See · Bäume + Sträucher · Fische · Giftpflanzen – Gifttiere · Heilpflanzen · Heimische Pflanzen 1 · Heimische Pflanzen 2 · Hunde · Insekten · Lebensraum Stadt · Mein Hobby: Mikroskopieren · Mein Hobby: Natur fotografieren · Mein Hobby: Pflanzen kennenlernen · Mein Hobby: Schmetterlinge beobachten · Mein Hobby: Steine sammeln · Mein Hobby: Vögel beobachten · Mineralien + Gesteine · Moor und Heide · Pflanzen am Mittelmeer · Pilze · Säugetiere · Schmetterlinge · Spuren und Fährten unserer Tiere · Sterne + Sternbilder · Strand und Küste – Wattenmeer · Versteinerungen · Vögel · Wald und Forst · Wasservögel – Strandvögel · Wiesen und Felder · Wolkenbilder – Wettervorhersage · Zootiere

BLV Bestimmungsbuch

Amphibien und Reptilien · Aquarienfische · Bäume + Sträucher · Bäume und Sträucher Europas · Blumen am Mittelmeer · Edelsteine und Schmucksteine · Farbige Pflanzenwelt · Farne – Moose – Flechten · Fossilien · Foto-Pflanzenführer · Gräser · Heilpflanzen · Die Höhlen Europas · Hunderassen der Welt · Insekten + Weichtiere · Meeresfische · Muscheln + Schnecken · Orchideen Europas · Pferderassen der Welt · Pflanzen der Tropen · Pflanzen Europas · Pflanzen- und Tierwelt der Alpen · Pilze · Pilzführer · Säugetiere · Säugetiere Afrikas · Steine + Mineralien · Sterne + Planeten · Süßwasserfische · Tiere und Pflanzen an Mittelmeerküsten · Tierspuren · Vögel · Wetterkunde für alle

BLV Intensivführer – Spektrum der Natur

Alpenpflanzen · Laubgehölze · Nadelgehölze · Pilze, Band 1 und Band 2 · Vögel, Band 3

BLV Dreipunkt-Buch

Alpenblumen · Bäume und Sträucher · Früchte der Bäume und Sträucher · Frühling im Wald · Gefährdete Pflanzen · Greifvögel und Eulen · Heilpflanzen · Pflanzen am Wegrand · Pflanzen der Wiese · Pilze · Schmetterlinge · Singvögel · Sommer im Feuchtgebiet · Vögel im Wald · Vögel in Garten und Park · Vogelnester, Vogeleier

Weitere BLV Bücher zum Bestimmen

BLV Vogelführer · Greifvögel · Der große BLV Mineralienführer · Der große BLV Naturführer · Der große BLV Pflanzenführer · Der große Pilzführer, Band 1–4 · Heilpflanzen in Farbe · Das neue BLV Pilzbuch · Der neue BLV Steine- und Mineralienführer · Stimmen der Vögel Europas

Weitere BLV Naturbücher

BLV Bildatlas der Bäume · Das farbige BLV Hausbuch der Natur · Korallenriffe · Naturinseln in Stadt und Dorf · Tiere in der Landschaft · Wie Tiere denken

BLV Umweltwissen

Autofahren umweltfreundlich · Darum brauchen wir den Wald · So stirbt der Wald · Wenn Gewässer sauer werden

Einleitung

Würde man unsere heimischen Blumen in eine Beliebtheitsskala reihen – die Alpenblumen stünden zweifellos an erster Stelle. Vielleicht, weil wir ihnen zumeist in Urlaubsstimmung begegnen; vielleicht, weil diese leuchtend bunten Vorposten des Lebens zu der steinigen und wüsten Umgebung umso stärker kontrastieren; vielleicht auch, weil sie so anders sind als die Tieflandsarten, so mannigfaltig in ihren Farben und Formen. Diese Artenmannigfaltigkeit ist ein Spiegel ihrer Entstehung, ihrer bewegten Geschichte. Mitteleuropa war im **Tertiär** von einer üppigen, subtropischen Flora bedeckt, wie heute noch in Ostasien und Nordamerika. Magnolie und Tulpenbaum, Kampfer-, Zimt- und Lorbeerbaum, Sumpfzypressen und Mammutbäume, an den trockenen Stellen Akazien und Palmen, das war die damalige Waldvegetation. Viele, heute nicht mehr bestehende Landbrücken verbanden Europa mit den anderen Kontinenten: Von Skandinavien über Grönland eine zum amerikanischen Kontinent, von diesem eine über die Beringbrücke zum zentral-ostasiatischen Kontinent. Allmählich, im Laufe der Erdzeitalter, entstanden durch Übereinanderschieben der Gesteinsdecken die Gebirgszüge unserer Alpen. Dabei wurden die ursprünglichen tertiären Tieflandspflanzen mit emporgehoben.

In den größeren Höhen aber herrschte ein völlig anderes Klima: An Stelle der feuchtschwülen Treibhausatmosphäre des Tieflandes traten nun Temperaturextreme, kalte Frostnächte wechselten mit starker Sonneneinstrahlung und hohen, trockenen Temperaturen, Stürme und plötzliche Niederschläge kamen hinzu. Dennoch vermochten sich manche Arten den veränderten Umweltbedingungen anzupassen und widerstandsfähige Hochgebirgstypen auszubilden, wie etwa die Soldanellen, die aus tertiären Waldprimeln hervorgegangen sind. Manche Arten wanderten aus Nordamerika ein, andere aus dem westlichen China oder aus Südsibirien. Auch von den näheren und ferneren Gebirgen erfolgte ein Zuzug, besonders aus dem uralten Gebirgsstock des Altaigebirges, aber auch aus den Trocken- und Kältesteppen im Inneren Asiens. Dazu kamen noch Arten aus dem Mittelmeergebiet, ja selbst aus Afrika.

Über diese artenreiche Flora, die damals die Alpen besiedelte, brachen die **Eiszeiten** als Katastrophen unvorstellbaren Ausmaßes herein. Schneereiche Winter ließen die Gletscher anwachsen, kühle Sommer

konnten sie nicht mehr auftauen. So wurden allmählich die gesamten Alpen unter einem dicken Eispanzer begraben, ja die Gletscher flossen aus den Tälern hinaus bis weit in das Vorland. Selbst die höheren Mittelgebirge waren vergletschert, während im Norden das Inlandeis in breiter Front heranrückte. Dazwischen blieb nur ein relativ schmaler Gürtel von 300–400 km Breite, den eine baumlose Tundra bedeckte. Den Pflanzen dieses so schwer betroffenen Lebensraumes verblieben nur drei Möglichkeiten: Sie konnten aussterben, auswandern oder verbleiben und versuchen, sich anzupassen. Verbleiben konnten die Pflanzen natürlich nicht unter den dicken Eisschichten, sondern sie suchten Zuflucht auf vereinzelten, aus Schnee und Eis herausragenden Klippen und Graten, die so steil waren, daß kein Schnee liegen bleiben konnte oder der Wind ihn gleich wieder wegfegte. Man nennt diese ganzjährig von Schnee und Eis umschlossenen Standorte mit einem Eskimowort »Nunatakker«, und die Pflanzen, die in ihren Spalten und Schründen ihr Dasein fristen, »Nivalpflanzen«. Ausweichen konnten die Pflanzen nur an den Rand der vergletscherten Gebiete: in die Westalpen, die südlichen Randketten, den Alpenostrand, in die randnahen Mittelgebirge, selbst in die bayrischen Moore. Wo sich damals die Flüchtlinge zusammendrängten, zeigt heute noch ein besonderer Artenreichtum an.
Nur wenigen anspruchsvollen Arten gelang die weitere Flucht in die balkanischen Gebirge, in die Berge des Pontus und Kaukasus. Ein Großteil dieser wärmeliebenden Waldflora war zum Sterben verurteilt – bildeten doch die in Ost-West-Richtung verlaufenden Gebirgszüge der Alpen einen Sperriegel, der ein Ausweichen nach dem Süden verhinderte. In Ostasien und in Nordamerika hingegen, wo die Gebirge nord-südwärts ziehen und die Pflanzen an ihnen entlang vorbei wandern konnten, blieb diese tertiäre Waldflora bis heute erhalten.
In Mitteleuropa trafen sich dafür in den eisfreien Zwischengürteln die Flüchtlinge aus der Arktis und aus Sibirien, aus dem Altai und sogar aus Nordamerika. Nach dem Rückgang des Eises kehrten sie wohl oft wieder in ihre alte Heimat zurück, besiedelten aber auch neue Wohngebiete. So stammt unser hochalpiner Himmelsherold aus der Arktis, der Allermannsharnisch aus dem Altai, die Gemsheide aus Nordamerika und das Edelweiß, Symbol der Alpen schlechthin, ist aus Sibirien zugereist!
Die bunte Mannigfaltigkeit der Arten ist in den Alpen aber nicht nur historisch begründet, sondern kommt auch dadurch zustande, daß auf jedem Berg eine Reihe von Klimazonen übereinander gestaffelt sind, die sich in ihrer Vegetation ebenso unterscheiden wie die Klimazonen der Ebene. Jedem, der mit offenen Augen eine Hochgebirgswanderung unternimmt, fällt es auf, wie er vom Laubwald am Bergfuß nach einiger Zeit

in den Fichtenwald kommt, wie sich allmählich Lärche und Arve zugesellen, wie die Bäume immer spärlicher und krüppeliger werden, bis schließlich der geschlossene Wald sich auflöst in einen Kampfgürtel zwischen Wald- und Baumgrenze, wo nur mehr niedrige, biegsame Legföhren das Feld behaupten. Über dem Krummholz breiten sich die Zwergstrauchheiden aus und von da an ist es nicht mehr weit zum Gipfel: Matten und Rasen, Geröll und Gestein und schließlich Gletscher und ewiges Eis. Vegetationsgürtel, die sich mit der Höhenlage und sinkender Temperatur ändern, nennen wir **Höhenstufen**. Im einzelnen werden sie unterteilt in:

Die *Ebenenstufe* mit Getreidefeldern und Restwäldern.

Die *Hügelstufe*, die sich der Eichen-Hainbuchenwald mit Wiesen und Reben teilt.

Die *Bergstufe*, zumeist mit Rotbuchenwald bedeckt.

Die *Untere Subalpine Stufe*: die Nadelwaldstufe, mit Fichte, Lärche und Arve bis zur Waldgrenze.

Die *Mittlere Subalpine Stufe:* der Legföhrengürtel, mit dem Kampfgürtel zwischen der Grenze des geschlossenen Waldes und den letzten Einzelbäumen.

Die *Obere Subalpine Stufe:* der Zwergstrauchgürtel, mit Krähenbeere, Bärentraube und Preiselbeere.

Die *Alpine Stufe:* Gürtel der alpinen Rasen (Urwiesen, Fettmatten, Magermatten, Wildheuplanggen, Weiden).

Die *Subnivale Stufe:* der Pionierrasengürtel.

Die *Nivalstufe:* aus Polsterrasengürtel und Kryptogamengürtel (Moose, Flechten, Algen).

Wollten wir in der **Ebene** denselben Wechsel der Vegetation erleben, müßten wir eine Nordlandreise von Mitteleuropa bis Grönland und Spitzbergen unternehmen. Dabei entsprächen die vergletscherten Gipfel der Alpen dem polaren Eis, die alpine Rasenstufe der baumlosen arktischen Tundra, unsere subalpine Nadelholzstufe wäre mit dem nördlichen Taigagürtel zu vergleichen, der sich aus Fichten, Lärchen und Föhren zusammensetzt. Schließlich käme der Buchenwald der Bergstufe dem mitteleuropäischen Laubwaldgürtel gleich, der von der Atlantikküste aus gegen das kontinentale Innere Europas allmählich ausklingt. Auf dieser Reise nach Norden würden uns Waldgrenze, Baumgrenze und Schneegrenze, alle jene auffallenden Veränderungen in Klima und Vegetation des Hochgebirges, wieder begegnen, nur müßten wir dazu rund 9000 km fahren! Um wieviel reicher ist die Alpenwelt, in der wir das Gleiche in wenigen Stunden des Anstiegs erleben können.

Die Höhenstufen des Berges ermöglichen jedoch nur eine sehr grobe Einteilung seiner Vegetation. Innerhalb der Höhenstufen finden wir noch eine Vielzahl von **Standorten** mit ihren speziell angepaßten Bewohnern. Welch ein Unterschied ist im Gebirge allein durch die Lage zu den einfallenden Sonnenstrahlen gegeben: Während sich am Nordhang im Frühling noch Skifahrer im meterhohen Schnee tummeln, blüht am Südhang bereits der Krokus! Wie verändert das Wasser, ob als Bach, Quellsumpf oder Moor, die Lebensbedingungen, wie himmelweit sind sturmgepeitschte Grate von windgeschützten Mulden verschieden, Felsspalten von fließendem Schutt. Nicht unbedeutend ist auch das Gestein selbst, das in den Nord- und Südalpen überwiegend aus Kalk, in den Zentralalpen jedoch aus Silikaten besteht. Darüber hinaus unterscheiden sich die Zentralalpen auch klimatisch von den Randalpen – herrscht in ihnen doch kontinentales Klima mit größerer Trockenheit und Temperaturextremen, während die dem Wind zugewandten Lagen der Randgebirge ozeanisch getönt sind.

So haben Pflanzen die Lebensräume des Berges erobert – vom schattigen Bergwald bis hinauf zu den sturmumtosten Gipfeln und Graten. Selbst auf Firnfeldern leben noch winzige, hochspezialisierte Schneealgen. Ihre nach Millionen zählenden winzigen Kügelchen tönen den Schnee oft auf mehrere Quadratmeter rosa und gaben früher als »Blutiger Schnee« zu allerlei Aberglauben Anlaß. Auch der blanke, glatte Fels ist nur scheinbar frei von Leben: Spaltpilze dringen in sein Gestein ein und zerstören durch ihre Lebensvorgänge dessen oberste Schicht, leisten so einen Beitrag zur Verwitterung. Ist der Fels sickerfeucht oder vom Regenwasser überronnen, so bilden Blaualgen dichte Beläge, färben ihn mit sogenannten »Tintenstrichen« tiefschwarz. Flechten bemalen die höchsten Zinnen mit den buntesten Farben, Moose können sich auch schon auf glattem, unbesiedeltem Fels festhalten. Bei anhaltender Dürre rollen sie sich ein, beim nächsten Regen saugen sie sich wieder voll und ergrünen von neuem. Felsmoose sind echte Pioniere, die mit ihren dichten Polstern die feinen Sand- und Humusteile aus dem Wind kämmen, deren Rasen das Keimbett für manche Blütenpflanze wird.

Erst wenn sich in winzigen Ritzen und Spalten etwas Feinerde und Humus angesammelt hat, dringen die ersten Pioniere unter den Blütenpflanzen vor. Pflanzen der **Felsspalten** müssen unempfindlich sein gegen tiefe, winterliche Temperaturen, entbehren sie doch fast immer eine schützende Schneedecke. Als Ausgleich steht ihnen die längste Vegetationsperiode im Jahr und der höchste Lichtgenuß im Tagesablauf zur Verfügung. Sie müssen aber auch zeitweilige Trockenheit ertragen können, und widerstandsfähig sein gegen Sand- und Schneegebläse. Um sich diesen extremen Umweltbedingungen anzupassen, haben Felsspaltenpflanzen typische Lebensformen entwickelt:

Bei den *Polsterpflanzen* entspringen von einer Pfahlwurzel nach allen Seiten strahlig viele Triebe, schließen dicht zusammen und verzweigen sich nach außen hin immer weiter. Mit Halbkugelpolstern, in Ausnahmefällen sogar Kugelformen, verringern sie ihre Oberfläche und setzen damit auch die Verdunstung herab. Die einzelnen Triebe schützen und wärmen einander gegenseitig, ihre stets immergrünen, ledrigen, oft auch noch behaarten Blätter trotzen dem Wind und der Kälte.
Auf andere Art haben die *Rosettenpflanzen* die gleichen Probleme gelöst. Auch sie sind mit einer starken Pfahlwurzel verankert, aber ihre Blätter schließen unmittelbar am Boden zu einer dichten Rosette zusammen, die gleich den Polsterpflanzen Oberfläche und Verdunstung herabsetzt. Manche Rosettenpflanzen speichern in ihren Blättern Wasser, mit dessen Hilfe sie Trockenheit überdauern können, ähnlich wie die Kakteen in ihren Stämmen wasserspeichernde Gewebe besitzen. In den Spalten können auch schon kleine Halbsträucher Fuß fassen, die ein unwahrscheinlich feinzerteiltes Wurzelnetz entwickeln, um das lebensnotwendige Wasser aus der Tiefe der Spalte zu holen.
So speziell der Standort der Felsspalten auch ist, sind sie doch nichts weniger als gleichförmig. Felsspalten auf Kalk beherbergen andere Arten als auf Silikatgestein, von Schmelzwasser feuchte Grobspalten bieten andere Bedingungen als ausgesetzte, sonnige Haarspalten. Auf kleinstem Raum können so die Verhältnisse von Zentimeter zu Zentimeter wechseln, praktisch ist jede Felsspalte ein anderer Lebensraum.
Ganz andere Probleme haben die Bewohner der **Schutthalden** zu lösen. Sie wachsen auf lockerem Boden, der ständig in Bewegung ist, ihnen davonrollt oder sie überschüttet. Dennoch sind die Schutthalden kein so ungünstiger Lebensraum, wie es vielleicht den Anschein hat. Unter dem groben Geröll liegt viel Feinerde, die durch die grobe Stein-Luft-Schicht vor Austrocknung geschützt wird, so daß selbst feuchtigkeitsliebende Pflanzen hier gedeihen können. So unbeschreiblich trostlos und öde die Schutthalden von weitem aussehen – aus der Nähe betrachtet sind sie ein einziger blühender Steingarten!
Beinahe unerschöpflich sind die Anpassungen, mit denen es den Pflanzen auch hier gelingt, ihr Dasein zu behaupten: So liegen die *Schuttüberkriecher* mit losen, biegsamen Sprossen dem feuchten Rieselschutt auf und überwachsen immer wieder das bewegliche Material. Die *Schuttwanderer* sind mit einer Pfahlwurzel in der Tiefe befestigt, während ihre oberirdischen Ausläufer durch das nachrutschende Gestein immer wieder zum Licht streben. Die *Schuttdecker* hingegen breiten eine Rasendecke von bewurzelten Zweigen aus und bilden so inmitten des losen Bodens kleine, feste Inseln. Wirklich aktiven Widerstand leisten schließ-

lich die *Schuttstauer*, die sich mit festen Horsten dem strömenden Schutt entgegenstemmen und ihn erfolgreich zum Stillstand bringen.
In Mulden und Senken der Hochlagen dagegen, am Fuß von Schutthalden, in Karböden und Dolinen, bleibt der Schnee bis in den Frühsommer hinein liegen. Oft volle acht Monate sind diese Standorte vom Schnee bedeckt und nur ganz besonders angepaßte Spezialisten können in dieser extrem kurzen Vegetationszeit ihren Lebensrhythmus des Treibens, Blühens und Fruchtens zu Ende bringen. Als Vorteil erweist sich hingegen, daß das Schmelzwasser fruchtbare Feinerde zusammenschwemmt und die Mulden weit in den Sommer hinein ständig durchfeuchtet. Die dicke Schneedecke schützt im Winter vor strenger Kälte, so daß der Boden kaum jemals durchfriert. Da die Zeit in den wenigen Wochen des verbleibenden, kurzen Sommers drängt, überwintern viele Pflanzen dieser **»Schneetälchen«** mit grünen Trieben oder bilden ihre Blüten sogar schon im Vorjahr aus, um beim Ausapern fix und fertig bereit zu sein. Vielfach vermehren sie sich auch durch Ausläufer. Eine weitere Anpassung an diesen Standort ist ein niedriger Zwergwuchs. So finden wir auf durchfeuchtetem Kalkschutt häufig die Gletscherweiden – Weidenzwerge, die mit niedrigen, knorrigen Stämmchen und kriechenden, meist wurzelnden Zweigen dem Boden aufliegen oder sich spalierartig an Felsblöcke anschmiegen.
Auf Silikatgestein sind diese Schneetälchen viel ausgedehnter entwickelt als auf dem gröberen, wasserdurchlässigen Kalk. Auf den welligen Hochflächen der Kristallingebirge gibt es Schneeböden, die oft länger als neun Monate des Jahres von Schnee bedeckt sind. Für Blütenpflanzen reicht die Zeit allerdings dann nicht mehr! Erstbesiedler dieser Extremstandorte ist ein Lebermoos, das ausgedehnte, nur Millimeter hohe, graugrüne Rasen bildet; dann kommt das Widertonmoos dazu und später erst die Blütenpflanzen. Eine charakteristische Bewohnerin dieser Lagen ist die Krautweide, der kleinste »Baum« der Welt. Mit Stamm, Ästen und Zweigen liegt sie vollständig am Boden, ihre allein herausragenden, kleinfingerlangen Triebspitzen bilden einen glänzenden, dunkelgrünen Teppich, der sich nur zur Blütezeit durch seine typischen Kätzchen als Weide verrät.
Einen Spezialstandort stellen auch die Ufer der kalten Gebirgsbäche, die überrieselten Geröllhalden und Quellaustritte dar: die **Quellfluren.** Das sauerstoffreiche Wasser erwärmt sich selbst im Sommer kaum über 5° C; dafür bleibt der Schnee meist erst im Spätherbst oder auch gar nicht liegen. Hier ist das Reich der Moose, die im Sprühbereich schwellende, smaragdgrüne Polster bilden, hier wachsen manche feuchtigkeitsliebende Steinbrecharten und Fettkräuter. Aus dem Tiefland steigen Sumpfdot-

terblume und Fieberklee bis in die alpine Stufe hinauf. In kalkreichen Gewässern leben auch Moose und Algen, die durch ihre Stoffwechselvorgänge den im Wasser gelösten Kalk ausfällen und die typischen Kalktuffe bilden. Nasse Mulden und quellige Stellen der Kalkgebirge nehmen Flachmoore ein, für die das »fleischfressende« Alpenfettkraut, neben Rauhsegge und Mehlprimel, charakteristisch sind. Verlandungsmoore im Silikatgebirge hingegen sind von der silberweißen Wollbinse umsäumt.

Oberhalb der Gehölzgrenze erstrecken sich die hochalpinen **Rasen**, die im Gegensatz zu den meisten Wiesen tieferer Lagen ohne menschliches Zutun entstanden sind. Auf kalkarmer Unterlage ist der Krummseggenrasen weit verbreitet, zu den sich mit der Zeit fast alle Rasentypen hin entwickeln, wenn nicht Steinschlag, Rutschungen oder außergewöhnliche Standortsfaktoren sie dabei aufhalten oder hindern. Die Krummsegge bildet dichte Horste und überzieht weite Flächen mit ihrem olivgrünen Rasen, in dem nur wenige Blumen wachsen.

Wesentlich bunter sind die Blaugrashalden der kalkreichen Gebirge, die steile, sonnige Hänge, Grasbänder und Wildheuplanggen besiedeln. Sie gehören zu den blumenreichsten und ausgedehntesten alpinen Urwiesen. Die dichten, festen Horste des Blaugrases sind vorzüglich geeignet, nachrutschenden Schutt zu festigen, der auf diesem steilen Gelände den Rasen oft treppig stuft, in Bänder und Leisten auflöst. Wärmeliebende Arten, die zeitweise hohe Temperaturen und Trockenheit ertragen können, geben sich hier ein Stelldichein. Viele Pflanzen sind xeromorph gebaut, d. h. sie besitzen Schutzvorrichtungen gegen Austrocknung, z. B. zottige Behaarung oder Blätter, die sich bei Trockenheit einrollen.

Der Standort des Polsterseggenrasens hingegen sind die Windecken-Kuppen und Grate der Kalkalpen, über die der Sturm mit mörderischer Gewalt hinwegfegt, so daß auch im Winter kaum Schnee liegen bleibt. Eine besonders robuste, kälte- und windharte Gesellschaft hat sich hier zusammengefunden: Vor allem die Polstersegge mit ihren harten, borstigen Blättern widersteht dem gefährlichen Schneegebläse, der ihren Rasen oft regelrecht abschleift. Erstbesiedler auf diesem Standort ist die Silberwurz, die losen Kalkschutt zu festigen vermag; Steinbrecharten kommen hinzu, die Windanrisse bedeckt das Stengellose Leimkraut mit seinen blütenbestickten Kissen, wie überhaupt auffallend viele bunte Blumen unter diesen unwirtlichen Bedingungen gedeihen. Da der Polsterseggenrasen sich zu mehreren anderen Gesellschaften hin entwikkeln kann, sind seine verschiedenen Stadien besonders artenreich, birgt sein steifer, lockerer Rasen doch auch prominente Alpenblumen wie den Stengellosen Enzian und das Edelweiß.

Außer den natürlichen, hochalpinen Rasen, die echte Urwiesen sind, weil auf ihnen kein Holzgewächs mehr lebensfähig ist, werden überall im Alpenbereich noch große Flächen von menschlich geschaffenen Wiesen und **Matten** eingenommen, die an Stelle des gerodeten Waldes oder des Krummholzes stehen. Je nach Höhenlage, Bewirtschaftung, Gesteinsunterlage, Neigung und Gründigkeit des Bodens entwickelt sich eine Reihe ganz verschiedener Wiesentypen, von differenzierter Artenmannigfaltigkeit. So ist die Bergfettwiese ein sehr blumenreicher, fruchtbarer Wiesentyp mit vielen saftigen Gräsern und Kräutern. Sie folgt dem Wald nach Rodung in tiefgründigen Lagen, die regelmäßig gedüngt werden. Bergfettwiesen sind gleich nach der Schneeschmelze übersät mit den weißen und lilafarbenen Blütenkelchen des Frühlingskrokus. Auf ähnlichen Standorten wie die Bergfettwiesen, nach Rodung von Krummholz oder Hochstaudenfluren, tritt die Milchkrautwiese auf, wenn anstelle der Mahd die Weide tritt. Sie ist für die Alpwirtschaft die wertvollste Pflanzengesellschaft – überwiegen doch in ihr die eiweißreichen würzigen Kräuter und Gräser; Goldpippau und Löwenzahn, vom Bergbauern summarisch »Milchkraut« genannt, haben ihr den Namen gegeben.
Eine unerwartet üppige, hochwüchsige Vegetation begegnet uns hingegen in der **Hochstaudenflur**, die am Grund von Dolinen, in Lücken und im Unterwuchs von Grünerlengebüsch, in Karen und auch im Geröll von Quellbächen gedeiht. Ihr prächtigster Vertreter ist der Blaue Eisenhut neben Alpendost und Alpenlattich, Kratzdistel und dem giftigen Germer. Sogar der Brennessel und dem Bärenklau des Tieflandes können wir hier begegnen. Feuchter, humusreicher Boden und geschützte Lage ermöglichen diesen anspruchsvollen Pflanzen ein Hinaufsteigen bis auf 2500 m und mehr.
Allzuviel Beweidung kann allerdings schaden, wie das Beispiel der **Lägerflur** zeigt, die sich in der Nähe von Tränken, Ställen und Almhütten auf ebenen, überdüngten Flächen ausbreitet. Sie ist keineswegs mehr eine besonders ertragreiche Almweide, sondern eine wenig produktive Dungstätte. Auf dem weichen, jauchigen Boden macht sich der Alpenampfer breit, dessen üppige Blätter wegen ihres Gehaltes an Oxalsäure vom Weidevieh gemieden werden.
Auf mageren, oberflächlich leicht versauerten Hängen entsteht hingegen durch Überweidung der **Bürstlingrasen**, dessen borstig sparrige Horste vom Weidevieh gleichfalls gemieden werden. Nur wenige Blumen wachsen in dieser artenarmen Pflanzengesellschaft – über weite Flächen, auf Kuppen und Hängen breitet sich der Bürstling auf Kosten der zarteren und schmackhafteren Kräuter aus und wird damit zum Almunkraut, dessen Bekämpfung ein ernstes alpwirtschaftliches Problem darstellt.

Mit den **Zwergstrauchheiden** treten uns schon wieder die ersten Holzgewächse entgegen, die sich im waldfreien Vorfeld der lichten, trockenen Zirben-Lärchenwälder und des Krummholzes ausbreiten. Ihre zähen Stämmchen und Zweige schließen sich zu einem niederliegenden, dichten Teppich zusammen, der große Flächen überziehen kann. Besonders die wind- und frostharte Gemsheide vermag sich auf Kämmen und schneefrei geblasenen Kanten zu behaupten; schutzbedürftiger ist die Bärentraube, deren Blätter der Preiselbeere zum Verwechseln ähnlich sind, und die Krähenbeere, die auf kalkarmen Böden ein regelmäßiges Element der Zwergstrauchheiden ist. Gleichfalls über die Zirben- und Latschenwälder hinausgreifend, bildet die Alpenrose große, zusammenhängende Gestrüppe, die manchmal als Vorposten des Waldes, öfter wohl als Überbleibsel zerstörter Nadelwälder gedeutet werden können.
Dem eigentlichen Bergwald sind die niedrigen **Krummholzdickichte** vorgelagert, die sehr trockene, sonnige und steinige Lagen besiedeln können. Im Unterholz der Legföhre oder Latsche wächst die Wohlriechende Händelwurz und das Steinröserl, aber auch die einzige Liane der Alpen, die blaublühende Alpenrebe. Natürlich finden wir auch die oben genannten Zwergstrauchheiden im Krummholz. Gleich der lichtliebenden und trockenharten Latsche ein Vorposten des Waldes ist die feuchtigkeitsliebende Grünerle, die auf schattigen Nordlagen, vorzüglich im Kristallin, einen mannshohen Buschwald aufbaut. Sie steigt bis auf 2000, ja 2800 m hinauf, bewächst feuchte Schutthalden, säumt Rinnen und Runsen und begleitet Wildbäche bis ins Tal hinab. Grünerlen geben den steilen, rutschenden Nordhängen Halt, sie besiedeln Lawinengänge, ihre biegsamen Stämmchen legen sich, ohne zu brechen, um und verhindern dadurch, daß das Erdreich erodiert wird.
Die **Umwelt** der Alpenpflanzen ist rauher, feindlicher und härter als die der Tieflandspflanzen. Das beginnt schon bei der Temperatur, die um rund 1° C bei 250 m Höhenunterschied abnimmt. Zur größeren Kälte kommt die längere Schneebedeckung: der Schnee schmilzt später, er fällt auch viel reichlicher als in tieferen Lagen. Beides verkürzt die Vegetationszeit, schränkt sie oft auf nur wenige Wochen im Jahr ein. Andererseits schützt die Schneedecke als schlechter Wärmeleiter vor Frost, speichert das Wasser und gibt es nur allmählich wieder ab. Der gefährlichste Standortsfaktor für das Leben der Alpenpflanzen ist jedoch zweifellos der Wind, der gleich den Niederschlägen und der Kälte mit der Erhebung zunimmt. Der ständig wehende Wind schädigt einmal rein mechanisch die Knospen und Triebspitzen, er rasiert Polsterpflanzen und reißt Stufen in die Zwergstrauchheiden und Windfurchen in hochalpine Rasen. Schneekristalle und Sandkörnchen geben ein gefährliches Schleifpulver

ab, das sogar Holzpflanzen richtig ansägen kann. Der Wind ist aber vor allem deshalb so lebensfeindlich, weil er den Pflanzen das Wasser raubt: Er trocknet das Erdreich und die Spalten aus, in denen sie wurzeln, er saugt es ihnen sogar noch direkt aus den Blättern, indem er die Verdunstung erhöht. Seinetwegen leben die Alpenpflanzen trotz der relativ reichlichen Niederschläge in einem ausgesprochenen Trockenklima.
Das Hochgebirgsklima bringt jedoch nicht nur Nachteile mit sich! Ein entscheidender Unterschied gegenüber tieferen Lagen ist die Überfülle an **Licht**, die die kurze Vegetationszeit wieder etwas ausgleicht. Das Licht ist im Gebirge nicht allein mengenmäßig viel reichlicher vorhanden, – die Sonne geht früher auf und später unter und während unten im Tal oft Nebelfelder liegen, ist es oben längst strahlend sonnig – es weist auch qualitativ einen höheren Anteil an ultravioletten Strahlen auf.
Beeinträchtigen und gefährden deshalb Frost, Schnee und Wind das pflanzliche Leben, so hilft das Licht den Alpenpflanzen Anpassungen zu entwickeln, um dennoch zu überleben. Licht und besonders das UV-Licht hemmt nämlich das Längenwachstum der Sprosse. Die Folge davon sind alle Arten von Wuchsstauchungen, von den Rosetten bis zu den Polstern, vom Zwergstrauch bis zum Spalierstrauch. Zwergwuchs aber schützt sowohl vor Kälte, weil die verringerte Oberfläche weniger Wärme abgibt, weil die Bodenwärme besser ausgenützt wird, wie ebenso gegen Wind, dem er weniger Angriffsflächen und geringere Verdunstungsflächen bietet. Damit nicht genug, Licht fördert auch alle Arten von übermäßiger Behaarung, die ebenso Frost- wie Verdunstungsschutz bedeutet, es bewirkt verkleinerte und verdickte Blätter, die derber und widerstandsfähiger gegen Wind und Kälte sind. Schließlich verdanken wir dem Licht auch noch das schönste Erscheinungsbild unserer alpinen Flora: die intensiv leuchtenden Blütenfarben! Alpenpflanzen sind also im wahrsten Sinne des Wortes Geschöpfe des Lichts! Damit stehen wir vor einem der wunderlichsten Umwege in der Natur: Auslöser der lebensrettenden Veränderung ist das Licht, Gegenstand der Anpassung sind jedoch Wind und Frost. –
Die Alpenblumen sind heute in einem Ausmaß bedroht, wie noch nie zuvor. Besonders in Fremdenverkehrsgebieten verarmt die Vegetation von Jahr zu Jahr erschreckend, verschwinden selbst früher häufige Pflanzen. Deshalb ein eindringlicher Apell an alle Bergwanderer: Helft mit, die bunten Kostbarkeiten unserer Alpen zu erhalten! Abreißen oder gar Ausgraben von Alpenpflanzen ist wahrlich kein Kavaliersdelikt, sondern Diebstahl an einem unersetzlichen Allgemeingut! Nicht vogelfreies Niemandsland soll uns die Alpenregion sein, sondern Steingarten der Schöpfung, auf den auch unsere Enkel noch ein Anrecht haben.

Pflanzengesellschaften der Hochgebirgsvegetation

TROCKEN-BEREICH – Nach zunehmender *Aufbereitung* des Bodens (zunehmendem Feinerdereichtum)

I. Steingesellschaften

1. **Felsspaltenfluren, Felsfluren:** In den Spalten der Kalk- und Silikatfelsen, vorwiegend in sonniger Südlage und damit extremen Temperaturwechseln ausgesetzt, sehr offene Gesellschaften tief in Spalten verwurzelter Spezialisten, mitunter hohen erdgeschichtlichen Alters.
   Alpenmannsschild-Fluren: Auf kalkarmem, lange schneebedecktem, kleinkörnigem Ruhschutt höherer Lagen, mit Polsterpflanzen, Moosen und Flechten.
2. **Schuttfluren:** Auf beweglichem, stets tätigem Hangschutt unterschiedlicher Korngröße, differenziert nach Kalk- und Silikatgestein.

II. Alpine Rasen

3. **Auf Kalkboden:**
   Nacktriedrasen: Austrocknungsfähigste Windeckengesellschaft der alpinen Stufe auf schneefreien Graten, bevorzugt über Kalk.
   Polsterseggenrasen: Windharte Rasengesellschaft über steinigem Kalkboden.
   Blaugrashalde: Artenreiche Blaugraswiese auf trockenen Sonnhängen der Kalkgebirge.
   Rostseggenhalde: Artenreiche Wildheumähder auf frischen Schatthängen der Kalkgebirge.
   Milchkrautweide: Die nährstoffreiche Matte der Gebirge, in der Regel aus Gehölzen durch Rodung hervorgegangen, durch Beweidung aufrecht erhalten und auf Kosten der Gehölze in tiefere Lagen hinabgedrückt.
4. **Auf kalkarmem Boden:**
   Krummseggenrasen: Klimatisch bedingte Endgesellschaft der alpinen Stufe (Klimaxgesellschaft), über große Flächen namentlich im Kristallingebirge, relativ artenarm.
   Buntschwingelrasen: Auf felsigen Steilhängen trockener Sonnlagen der Kristallingebirge.
   Bürstlingrasen: Degradationsstadium der Gebirgsmatten als Folge übermäßigen Betritts und andauernder Weideauslese durch das Vieh. Auf Magerhängen des Kristallingebirges, aber auch als natürliche Rasen.

FEUCHT-BEREICH – Nach abnehmender Feuchtigkeit und zunehmender Temperatur

III. Schneerandgesellschaften

Auf ganzjährig überaus kalten Standorten an den Rändern spät ausapernder Schneeflecken, in Mulden, Dolinen oder Schattlagen, mit Spalierweiden verschiedener Arten.

5. **Basiphile Schneebodengesellschaften:** Auf kalkreichen und dadurch wasserdurchlässigen Böden und dadurch weniger extrem als die Schneetälchen des Silikatgesteins.
6. **Azidophile Schneetälchengesellschaften:** Auf stets schmelzwassergetränkten Standorten kalkarmer Gesteine.

IV. Quellfluren

7. **Quellfluren:** An quelligen Stellen und entlang der Gebirgsbäche mit frischem, kaltem, sauerstoffreichem Wasser, differenziert nach kalkarmem und kalkreichem Substrat.

V. Flachmoore

8. **Flachmoore:** An den Ufern kalkarmer Seen und Tümpel.

VI. Hochstaudenfluren

9. **Karfluren:** Üppige Hochstaudenfluren in nährstoffreichen Mulden, Dolinen und Karen.
10. **Lägerfluren:** Durch Überdüngung aus Hochstaudenfluren hervorgegangen und dabei artenmäßig verarmte Gesellschaft überdüngter Almböden an Stallungen, Viehtränken u. dgl.
11. **Trittfluren:** Trittfeste Rasengesellschaft auf oft begangenen Wegen.
12. **Grünerlengestrüpp:** In feuchten Schattlagen, auf wasserzügigen Hängen, in Lawinenzügen der Subalpinen Stufe.

GEHÖLZ-BEREICH – Nach zunehmender Wuchshöhe

VII. Nadelgehölze

13. **Zwergstrauchheiden:** In der Oberen Subalpinen Stufe, bis an die Gehölzgrenze gegen die alpine Rasenstufe.
    Gemsheidenteppich: Windeckengesellschaft der Subalpinen Stufe, an windexponierten Graten und Kuppen, mit zahlreichen windharten Flechten.
    Krähenbeerheide: Meist nur als schmaler Gürtel zwischen der subalpinen Nadelstufe und der alpinen Rasenstufe eingeschoben.
14. **Krummholz:** Ein Zwergwald, nach unten zunehmend höherwüchsig.
15. **Nadelwälder:**
    Lärchen-Zirbenwälder: In den kontinentalen Zentralalpentälern.
    Fichtenwälder: In den ozeanischen Außenketten der Alpen.

Alle wichtigen Alpenblumen nach Farbfotos bestimmen

Die abgebildeten Alpenpflanzen stehen stellvertretend zugleich für eine Gruppe von jeweils ähnlichen, vielfach auch miteinander verwandten Arten – gleichsam als Typus einer Gruppe (als Gruppentypus) einander nahestehender Sippen. Die Reihenfolge der Arten entspricht der wissenschaftlichen Systematik.

Bezüglich der gesetzlichen Schutzbestimmungen für seltene oder gefährdete Arten wurde jeweils angegeben:

▲ **Gänzlich geschützte Pflanzen:** Diese dürfen nicht von ihrem Standort entfernt, beschädigt oder vernichtet, in frischem oder getrocknetem Zustande übertragen, erworben, befördert oder feilgeboten werden. Dieser Schutz bezieht sich auch auf die einzelnen Pflanzenteile (Wurzeln, Zwiebeln, Knollen, Wurzelstöcke, Blüten, Blätter, Zweige usw.)

◭ **Geschützt:** In den einzelnen Ländern unterschiedlich gänzlich oder teilweise geschützt.

△ **Teilweise geschützt:** Der teilweise Schutz von Pflanzen und Tieren beschränkt sich auf bestimmte Entwicklungsformen, Zeiten, Örtlichkeiten, Verwendungsarten oder Teile. Hierunter fällt auch der Schutz vor erwerbsmäßigem Sammeln, Handeln usw.

Feuerlilie ▲

Lilium croceum Chaix

Merkmale: Mit der Feuerlilie lernen wir gleich die auffallendste und prächtigste Blume der Alpen kennen. Sie ist ein stattliches, bis über 1 m hohes Liliengewächs, von dessen weißer, schuppiger Zwiebel der aufrechte, wechselständig beblätterte, im oberen Teil wollig-flockige Stengel entspringt. Die Blätter sind schmal linealisch, bis 10 cm lang. Die Blüten sind sehr groß, 5–10 cm breit, aufrecht, trichterförmig, flammend rot bis orangerot, mit braunen Flecken. Sie stehen einzeln oder in einer wenigblütigen Flachdolde. Die ungewöhnlich attraktive Blüte ist vollkommen geruchlos, was gerade unter den Liliengewächsen eine Ausnahme ist, die sich sonst durch besonders intensiven Duft auszeichnen. Bei der Feuerlilie geht die Signalwirkung allein von der leuchtenden Farbe aus; trotzdem wird sie von Tagfaltern, auf deren Bestäubung sie angewiesen ist, relativ wenig besucht. Sie kann sich auch nicht, wie etwa der Türkenbund, einfach selbst bestäuben, denn sie ist vollkommen selbststeril. Eine nahe verwandte Art, *Lilium bulbiferum,* die Knöllchentragende Lilie, von der *Lilium croceum* nur die Unterart darstellt, hat als Ausweg in ihren Blattachseln kleine dunkle Knöllchen sitzen, Brutzwiebeln, die sich beim Abfallen, oft auch schon an der Mutterpflanze, bewurzeln und zu neuen Pflänzchen auswachsen. Mit dieser zusätzlichen vegetativen Vermehrung gleicht sie die geringe Samenbildung bei der geschlechtlichen Vermehrung aus. Blütezeit sind Mai, Juni und Juli. – **Standort:** Die Feuerlilie wächst nicht eben häufig an warmen, sonnigen Abhängen, sie steigt von trockenen Talwiesen und Waldrändern über sonnige Hänge und felsige Gebüsche bis auf Alpenhöhen von 2400 m. Sie kommt vor allem in der Gesellschaft des Buntschwingelrasens und in Spaltengesellschaften vor, aber auch in schottrigen Flußauen und sogar in Getreidefeldern. Sie gehört von alters her zu den Gartenschätzen und ist aus Kloster- und Burggärten wohl manchmal »entschlüpft« und in den umliegenden Wiesen und Feldern verwildert, so daß sie in manchen Gegenden Kärntens häufig wie ein Unkraut wird und geradezu den Klatschmohn in dessen leuchtenden Farben ersetzt. – **Verbreitung:** Alpen (selten in den Nordketten), Italien, Korsika; Mittelgebirge Mitteleuropas. – **Volksnamen:** Wilde Ilge, Gelbe Ilge, Rote Ilge, Berg-Ilge, Goldrose. Donnerblume und Donnerrose: Die »Feuer«-Lilie soll den Blitz anziehen und ins Haus bringen! Auch »Nasenfärber« – nach dem Kinderspiel, die Nasen in die großen Blüten hineinzustecken und dadurch mit dem roten Blütenstaub zu beladen.

Türkenbund ▲

Lilium martagon L.

Merkmale: Eine nahe Verwandte der Feuerlilie und die stattlichste heimische Lilie, die auf günstigem Standort 1,5 m hoch werden kann, im Durchschnitt zwischen 30 und 60 cm. Aus einer goldgelben, schuppigen Zwiebel, die tief im Boden sitzt, entspringt der kräftige, rot-grün gefleckte Stengel, um den die schmalen, zugespitzten Blätter mehr oder weniger quirlig angeordnet sind. Die turbanartige Form der Blüte hat der prächtigen Pflanze ihren Namen gegeben. Ihre aufgerollten Blütenblätter sind von gedämpft roter Farbe, mit dunkelpurpurnen Flecken. Die braunroten Staubbeutel hängen an langen, geschwungenen Stielen weit aus der Blüte heraus. Besonders abends und nachts verströmen sie einen schweren, durchdringenden Geruch, der langrüsselige Nachtfalter anlockt, die im Schwebeflug an der Blüte saugen und so die Bestäubung vollziehen, ohne an der abwärtsgerichteten Blüte eine Sitzfläche vorzufinden. Nach dem Abblühen richten sich die Kapseln wieder auf, so daß die Samen durch den Wind ausgestreut werden können. Neben der bei uns heimischen Türkenbundlilie kommt in Dalmatien noch eine verwandte Sippe, die Dalmatinische Lilie, *Lilium dalmaticum,* vor, von dunkelroter Farbe und besonders reichblütigem Blütenstand, weshalb sie in Gärten bevorzugt kultiviert wird. Die Blütezeit des Türkenbundes ist im Juli und August. – **Standort:** Liebt lichte Buchen- und Bergwälder; wir finden ihn aber auch auf sonnigen Bergwiesen, in Hochgrasfluren, an Waldrändern und in Bergsturzgebieten auf humosen, kalkhaltigen Böden (Kalkzeiger!) Während das Weidevieh die Pflanze verschmäht, werden ihre Blütenknospen in wildreichen Revieren regelmäßig von den genäschigen Rehen abgeäst, so daß ihre Blüten dann nur selten zur vollen Entfaltung gelangen. Von der Ebene bis zu 2500 m. – **Verbreitung:** In ganz Europa und dem gemäßigten Asien. – **Volksnamen:** Goldwurz, Goldapfel, Sillingwurz, Sillinggrube, Wilde Lilie, Stein-Ilge. –
Die Zwiebel der Türkenbundlilie galt in früheren Zeiten als Amulett, das man besonders gerne zahnenden Kindern umhängte. Heute sind Türkenbundlilien vollkommen geschützt. Trotzdem sind sie in den letzten Jahren durch hemmungsloses Pflücken und sogar Ausgraben immer seltener geworden und fehlen in manchen Gegenden, in denen sie früher regelmäßig anzutreffen waren, schon vollständig.

Grüner Germer

Veratrum lobelianum Bernh.

Merkmale: Ein Liliengewächs, dessen kräftige Stauden bis zu 1,5 m hoch werden können. Um den aufrechten Stengel sind die tief längsgefalteten, unterseits flaumigen Blätter dreizeilig angeordnet. Die sternförmigen Blüten stehen in einer endständigen, bis zu 50 cm langen Rispe und strömen besonders bei Sonnenschein einen betäubenden, aufdringlichen Duft aus. Blüht von Juni bis August. Ohne Blüten kann der Germer leicht mit dem Gelben Enzian verwechselt werden, unterscheidet sich von diesem aber durch die flaumige Behaarung der Blattunterseite. Außerdem ist die Wurzel des Germers weiß, die des Gelben Enzians innen gelb. Da der Germer sehr giftig ist, die Wurzel des Enzians aber oft zum Schnapsbrennen gegraben wird (obwohl er unter Naturschutz steht!), kann eine Verwechslung tödlich sein. – **Standort:** Häufiges Weideunkraut auf feuchten, nährstoffreichen Wiesen, Hochstaudenfluren und im Grünerlengebüsch. Bezeichnend auch für die Lägerflur rund um Almhütten und Tränken, wo der Boden vom Weidevieh überdüngt ist. Erfahrene Tiere meiden die Giftpflanze; gelegentlich kommt es aber doch vor, daß ein Jungvieh daran nascht und elend zugrunde geht, weshalb die Sennen versuchen, das gehaßte Unkraut loszuwerden. Das gelingt am ehesten durch Herausdrehen des Stengels. Dann dringt das Regenwasser in die verbliebene Öffnung und läßt den Wurzelstock faulen. In der Subalpinen Stufe, etwa zwischen 800 und 2000 m. – **Verbreitung:** Der Germer kommt in zwei nahe verwandten Sippen vor: Der häufigere Typus des Weißen Germers mit rein weißen, die abgebildete Sippe mit grünlichen Blüten. Der Grüne Germer ist durch Europa und Asien weit verbreitet und steigt auch tief in das Alpenvorland hinunter, die weißblühende Sippe kommt nur in den Alpen, dem Apennin, Ungarn und Jugoslawien vor. – **Volksnamen:** Champagnerwurzel, Brechwurz, Fieberstellwurzel, Lauswurz, Lauskraut, Gerber, Gerbel, Hammerwurz, Hemmerwurzen, Krätzwurz, Weiße Nießwurz, Germäder. –

Wie schon die vielen Volksnamen erkennen lassen, ist der Germer eine alte Heil- und Giftpflanze. Offiziell wird die Germerwurzel als Abkochung oder Tinktur gegen Ausschläge, Krätzen und Flechten verwendet; man bereitet daraus auch eine Salbe, die auf Geschwüre und schlecht heilende Wunden aufgelegt wird. Bei den Bergbauern ist der Germer ein beliebtes Hausmittel gegen alle Arten von Hautparasiten bei Mensch und Tier.

Alpen-Schnittlauch

Allium sibiricum L.

Merkmale: Ausdauerndes Liliengewächs aus einer artenreichen Gattung, der neben zahlreichen Wildarten auch Zwiebel, Knoblauch, Porree u. dgl. angehören. Mit kräftigem, beblättertem Blütenstengel, der meist etwas länger als die Laubblätter ist. Die kugeligen, großen Blütenköpfe (Scheindolden) sind lebhaft rosa, später violett, selten auch weißlich gefärbt. Die Blütenstiele sind in der Regel kürzer als die schmalen, zugespitzten Blumenkronblätter. Die halbstielrunden, grasartigen Laubblätter sind innen hohl und von aromatisch scharfem Geruch und Geschmack: Sie enthalten Knoblauchöl. Der Alpen-Schnittlauch wird als Stammform des Garten-Schnittlauchs, *Allium schoenoprasum,* angesehen, hingegen dürfte er nach neuesten Untersuchungen mit dem aus Sibirien beschriebenen *Allium sibiricum* nicht identisch sein. Blüht im Juli und August. – **Standort:** Auf Sumpfwiesen, quelligen Stellen und überrieselten Felstrassen der höheren Voralpen und Alpen, wo er nicht selten dunkelgrüne Bestände bildet. In tieferen Lagen auf grundwassernahen Standorten kalter Flachmoore als Eiszeitrelikt verblieben. – **Verbreitung:** Gemäßigtes Europa, Asien. – **Volksnamen:** Almschnittla, Wilda Schnittla, Almknofel, Berglauch, Chnoblauch. Der Name Schnittlauch kommt übrigens von einem Lauch, der geschnitten wird. –

Die Bergsteiger und Älpler schätzen den wildwachsenden Alpen-Schnittlauch als Vitaminspender und Würze für ihre eintönige Kost. Wenn allerdings das Vieh davon frißt, bekommt die Milch einen unangenehmen Lauchgeruch. In der Volksheilkunde wird der Alpen-Schnittlauch zur Anregung des Appetits und gegen Blähsucht verwendet. Auch soll er blutreinigend wirken. Wegen seines Gehalts an Eisen und Vitamin C, das sehr unbeständig ist und beim Erhitzen und Trocknen verloren geht, soll er immer frisch geschnitten und nicht in die kochend heiße Suppe gegeben werden.

Faltenlilie

Lloydia serotina (L.) Rchb.

Merkmale: Eine Miniaturlilie, die kaum fingerlang wird, dennoch in allen Details die typischen Lilienmerkmale verkörpert: Aus einer kleinen, länglichen Zwiebel entspringen meist zwei schmale, grasartige, fast fadenförmige Blätter, die gleich lang oder länger sind als der spärlich beblätterte Blütenstengel. Die einzeln stehenden Blütensterne sind milchig weiß, die Blumenkronblätter am Grunde gelb mit je drei feinen, rötlichen Streifen, die als »Honigmale« zur Nektarquelle hinführen. Als Bestäuber kommen kurzrüsselige Insekten in Frage, die den offen liegenden Honig reichlich ausbeuten und dabei die Blüte bestäuben. Interessant ist, daß an geschützten Stellen die Narbe über die Staubblätter weit aus der Blüte herausragt und dadurch Selbstbestäubung unmöglich macht, während an rauhen, windigen Orten, an denen Insektenbesuch weniger wahrscheinlich ist, Staubblätter und Stempel gleich lang sind, so daß es leicht zur Selbstbestäubung kommen kann. Die kleinen, flachen Samen werden vom Wind verbreitet. Blütezeit ist Juli und August. – **Standort:** Die Faltenlilie steht an der Grenze der Wiesen- und Felsflora: Sie meidet die offene Weide und den langhalmigen Rasen der Mähwiesen und Wildheuplanggen, zieht dagegen den Pionierrasen zwischen Geröll und Fels vor, die moosigen Felstrassen und Felsritzen, wo sie in den tiefen Humuslagen ihre kleinen Zwiebeln birgt, besonders auf kalkarmem Substrat. Sie mischt sich auch in den flechtenreichen Krummseggenrasen, geht auf schneefreie Grate und stellt sich als »Polstergast« auf den dichten Polstern des Stengellosen Leimkrautes ein. Auf allen diesen Standorten kommt sie jedoch nur selten und zerstreut vor. Die zierliche kleine Lilie ist ausgesprochen hochalpin, die höchststeigende Lilie der Alpen überhaupt: Sie steigt bis auf 3100 m und geht nicht unter 1800 m herab. – **Verbreitung:** In den Alpen hauptsächlich in den Zentralalpen, ferner Karpaten, Balkan, Kaukasus, Ural; Britische Inseln; außer in den europäischen Gebirgen aber auch in der Arktis, in Sibirien und Nordamerika – eine Verbreitungs-»Zerstückelung«, die auf die Eiszeit zurückgeht. Einer Gattung angehörig, die mit 12 Arten ähnlich unserer Sippe von Europa bis Ostsibirien verbreitet sind. – **Volksnamen:** Fehlen, da die unscheinbare Pflanze von der Bevölkerung kaum beachtet wird. Der Gattungsname *Lloydia* geht zurück auf den englischen Botaniker Edward Lloyd, der die Pflanze gegen Ende des 17. Jahrhunderts in Wales entdeckte.

Krokus

Crocus albiflorus Kit.

Merkmale: Kleines, nur 8–14 cm hohes Schwertliliengewächs *(Iridaceae),* dem man die Zugehörigkeit zu dieser Familie nicht so ohne weiteres ansieht. Die Pflanze bildet im Boden kugelige Knollen – jedes Jahr eine neue, welche der alten oben aufsitzt. Damit die Knollen nicht allmählich aus dem Erdreich herauswachsen, werden sie von »Kontraktionswurzeln« immer wieder in die Tiefe gezogen. Die Blätter sind grasartig schmal, am Rande umgerollt, mit weißem Mittelstreif. Ihr xeromorpher Bau (s. S. 11) ist eine Anpassung an die Trockenheit des im Frühjahr oft noch gefrorenen Bodens. Die Blüten sind durchscheinend weiß, aber auch violett oder weißviolett und brechen direkt aus dem Boden. Ihre Blumenkronblätter sind zu einer Röhre verwachsen; die trichterförmige, dreilappige Narbe ist von intensiv gelbroter Farbe. Der unterständige Fruchtknoten sitzt tief in der Erde, unmittelbar über der Knolle. Er sondert den Nektar ab, der in der dünnen Blumenkronröhre oft so hoch ansteigt, daß selbst Hummeln daran nippen können. Normalerweise stellen aber Falter, vor allem Distelfalter, die Bestäuber. Der Frühlingskrokus gehört zu den allerersten Frühlingsboten; er erscheint gleich nach der Schneeschmelze, oft auf nur kleinen, eben ausapernden Flecken. Da um diese frühe Jahreszeit mit ihren vielen Kälterückschlägen, Schnee und Nebel der Insektenbesuch sehr unsicher ist, können die Blüten sich auch selbst bestäuben. Sie öffnen sich bei Schlechtwetter gar nicht und lassen dann ganze Pollenmassen auf die Narbe fallen. Hauptblütezeit ist März bis Mai, an geschützten sonnigen Stellen manchmal sogar schon Ende Februar. Die Frucht, eine dreiklappige Kapsel, wird durch Streckung des Stengels emporgehoben und enthält zahlreiche kugelige, rosafarbene Samen. Die reifen, trockenen Fruchtkapseln sind für den Älpler ein Zeichen zur Mahd. Außer durch Samen vermehrt sich der Krokus auch durch Seitenknospen, die sich von der Mutterpflanze lösen. Die Knollen werden auch durch Maulwürfe verbreitet. – **Standort:** Oft massenhaft, zumindest aber immer gesellig auf frischen, nährstoffreichen Wiesen und Weiden, besonders auf den alpinen Fettwiesen und in Lägerfluren. Zwischen 800 und 2700 m, selten auch bis in die Ebene hinabsteigend. – **Verbreitung:** Weit verbreitet in den Alpen, Pyrenäen, Jura bis Karpaten, Apennin, Balkan. Das Zentrum der Gattung liegt mit 80 Arten im Mittelmeergebiet, von wo auch unsere Art in den mitteleuropäischen Gebirgsbogen eingewandert ist. – **Volksnamen:** Schneebleamal, Schneeröslan, Buabn und Diandlen, Schneeguggn, Kasbleamal, Bluti Meitschi, Zitlose, Fueterreif (Fruchtkapseln).

Rotes Kohlröschen ▲

Nigritella miniata (Cr.) Janchen

Merkmale: Mit dieser reizvollen Pflanze haben wir eine der wenigen alpinen Orchideengewächse *(Orchidaceae)* vor uns, in Miniaturform natürlich, denn das Rote Kohlröserl wird nur 10–25 cm hoch. Von einer handförmig gespaltenen Knolle entspringen die grasartigen Blätter und der Blütenschaft mit der länglich eiförmigen Blütenähre. Die kleinen Blüten, die beim genauen Hinsehen den Bauplan der Orchideenblüte erkennen lassen, sind rosa bis hellrot gefärbt und duften intensiv nach Vanille. Dieser starke Lockduft scheint sich zu lohnen, denn 53 Insektenarten, davon allein 48 Falter, kommen als Bestäuber zu den Blüten! Nur das Weidevieh meidet die stark riechende Pflanze. Nimmt es sie zufällig einmal auf, so färbt es die Milch blau, Käse und Butter riechen nach Vanille. Häufiger als das Rote Kohlröserl ist das kleinere Schwarze Kohlröserl mit schwarzpurpurnen Blüten und fast kugeligem Blütenstand. Zwischen beiden Arten entstehen leicht Kreuzungen – eine Eigentümlichkeit der Orchideenfamilie. Der Bastard steht dann sowohl hinsichtlich der Farbe, als auch bezüglich der Blütengröße in der Mitte zwischen den beiden Eltern. Auch bei unserem Bild handelt es sich um einen derartigen Orchideenbastard und zwar mit der Mücken-Händelwurz, *Gymnadenia conopea*. Blütezeit ist von Juni bis September. – **Standort:** Selten auf mageren Wiesen, in Blaugrashalden und Borstgrasrasen zwischen 1700 und 2780 m. Kalkzeiger. Beide Kohlröschen-Arten sind ausgesprochen düngerfeindlich, besonders empfindlich gegen Kunstdünger. Eine einmalige Düngung kann ein ganzes Vorkommen zerstören. Die Intensivierung der Landwirtschaft auch in den Alpen wird zur tödlichen Gefahr für die kleine Pflanze. – **Verbreitung:** Während das Schwarze Kohlröserl in so ziemlich allen europäischen Hochgebirgen bis hinauf nach Skandinavien vorkommt, ist das Rote Kohlröserl auch in seiner Verbreitung viel exklusiver und beschränkt sich auf die Ostalpen und die Ostkarpaten. – **Volksnamen:** Die große Zahl der Volksnamen für das Kohlröserl (darin werden die beiden Arten nicht unterschieden) ist ein Gradmesser für seine Beliebtheit und Bekanntheit: Rotes Männertreu, Braunelle, Brunelle, Blutrösl, Blutströpfel, Schwoaßbleaml, Jochbrändli, Schwarzröserl, Sonnwendschöberl, Nasenblüeter, Vanilleblümli, Schokoladeblümli. –

Beide Kohlröserl-Arten sind streng geschützt. Leider gehören sie zu den populären Alpenblumen wie Edelweiß und Enzian, die dennoch gepflückt werden. Deshalb muß man auf immer abgelegenere Bergwiesen wandern, um den kleinen Kostbarkeiten zu begegnen.

Netz-Weide △

Salix reticulata L.

Merkmale: Am Boden kriechender Zwergstrauch mit verästelten, überall wurzelnden Zweigen. Blätter unterseits blaugrün, netzadrig, oberseits dunkelgrün. Die langgestielten, großen Kätzchen sind rosarot. Ebenso wie die wollig-weißfilzigen Fruchtkapseln erinnern sie an die bekannten Weiden des Tieflands. Blütezeit ist Juli und August. Außer der Netzweide können wir im Hochgebirge auch noch einige andere Zwergweiden finden, die man als Gletscherweiden oder Spalierweiden zusammenfaßt. – **Standort:** Steinige, feuchte Hänge. Mit kräftigen, reich verästelten Wurzeln krallt sich die Pflanze in Grus und Geröll und schmiegt sich spalierartig dem Boden an oder besiedelt offene Stellen in Rasen und Weiden, immer auf kalkreicher Unterlage. Auch im Polsterseggenrasen der Windecken und in Zwergstrauchheiden zwischen 1700 und 2500 m. Zusammen mit anderen Zwergweiden bildet sie auf kalkreichen Schneeböden das sogenannte »Gletscherweidenspalier«. – **Verbreitung:** Alpen, Pyrenäen, Jura, Karpaten, Nordeuropa, nördlichstes Asien und Nordamerika. – **Volksnamen:** Schneehühnlweide.

Stumpfblatt-Weide △

Salix retusa L.

Merkmale: Ähnlich wie die Netzweide bildet auch die Stumpfblatt-Weide einen kriechenden Spalierrasen. Die Blätter sind rundlich und verkehrt eiförmig oder spatelig, vorne meist stumpf und etwas ausgerandet, beiderseits kahl und glänzend. Im Herbst verfärben sie sich goldgelb und verströmen dabei einen eigenartig durchdringenden Geruch. Die Blüten stehen in kleinen Kätzchen am Ende beblätterter Kurztriebe, ihre Staubbeutel sind anfangs rot, später gelb gefärbt. Männliche und weibliche Blütenkätzchen stehen auf verschiedenen Stöcken (zweihäusig). Blüht von Juni bis August. Die Stumpfblatt-Weide kann trotz ihrer Kleinheit über 100 Jahre alt werden! Sie ist extrem langsamwüchsig, in großen Höhen mit besonders kurzer Vegetationszeit erreichen ihre Jahresringe oft nur eine Breite von 0,03 mm. – **Standort:** Häufig auf Fels und Schutt (wichtiger Schuttstauer), aber auch in Magermatten und auf Weiden. Kalkzeiger. In der Gesellschaft der Blaugrashalden, Polsterseggenrasen und kalkreicher Schneeböden. Zwischen 1700 und 2500 m. – **Verbreitung:** Alpen, Pyrenäen, Jura, Apennin.

Stengelloses Leimkraut △

Silene acaulis (L.) Jacq.

Merkmale: Ausdauerndes Nelkengewächs *(Caryophyllaceae),* das wie geschoren erscheinende, niedrige Flachpolster bildet und mit einer starken Pfahlwurzel tief (70–130 cm) in das Gestein eindringt. Die lederartigen, kleinen, fast nadelförmigen Blättchen liegen mit ihren zurückgebogenen Teilen dicht dem Polster an. Das Innere des Polsters ist mit teilweise verrotteten Blättern erfüllt. Die Blüten stehen einzeln, ganz kurz gestielt und ragen nur wenig aus dem Polster heraus. Ihre Größe schwankt von 0,5–1 cm im Durchmesser, ihre Farbe von Rosa bis zu leuchtendem Karmesinrot, selten auch Weiß. Gelegentlich kommen auch gefüllte Blüten vor. Der Laie spricht dann gerne von »blühendem Moos«, wenn er die blütenübersäten Rosenkissen sieht. Es gibt Polster mit nur männlichen, nur weiblichen und solche mit zwittrigen Blüten. Als Besucher kommen häufig Falter, aber auch Bienen, Fliegen, Schwirrfliegen, Käfer und sogar Hummeln. Die Pflanze gehört zu den Winterstehern: die Samen werden teilweise erst während des Winters oder gar erst im Frühjahr entleert. Das Stengellose Leimkraut kommt in den Alpen in zwei vom Gestein abhängigen Rassen vor: einer Kalkrasse, die lockerrasig und großblütig ist, und einer Silikatrasse, die polstrig-dicht, klein- und blaßblütig ist. – **Standort:** Die auffallende und wunderhübsche Pflanze gehört zu den verbreitetsten Alpenblumen. Ihre brennendroten, blütenbestickten Teppiche leuchten uns aus dem Rasen steiniger Weiden entgegen. Sie wölben sich aber auch über Felsbuckel, hängen an Felswänden und schmücken Grate und Felsbänder. Häufig in der Gesellschaft des Polsterseggenrasens und der Blaugrashalden zwischen 1500 und 3600 m. – **Verbreitung:** In den Alpen mit vier geographisch getrennten Kleinrassen: In den Westalpen, den östlichen Zentralalpen, den östlichen und den südöstlichen Kalkalpen. Ferner in den Pyrenäen, Karpaten, dem Apennin, auf der Balkanhalbinsel, im nördlichen Eurasien bis in die Arktis; Nordamerika und Mexiko. – **Volksnamen:** Moosbleamel, Steinguckerli, Gamskraut, Rotes Mies, Alpenpolster. Die Namen Teufelspeitsche oder Zigeunerkraut zeigen die Verhaftung der Pflanze mit dem Volksaberglauben an.

Alpen-Nelke △

Dianthus alpinus L.

Merkmale: 2–20 cm hohe Nelke mit mehreren grundständigen Blattrosetten, aus denen die wenigblütigen Stengel treiben. Die Blätter der zwei bis drei Blattpaare sind sehr schmal, stumpf und nach dem Grunde verschmälert. Die auffallenden, lebhaft rosafarbenen Blüten mit dem purpurroten, weiß gesprenkelten Schlund werden von Tagfaltern bestäubt. Die Alpen-Nelke verkörpert mit ihrem kurzen Stengel, den unverhältnismäßig großen Blüten und der leuchtenden Blütenfarbe den Typus der Alpenblume. Sie wird deshalb besonders gerne für Alpengärten und alpine Anlagen verwendet. Im Tiefland wird allerdings der Stengel etwas länger und die Blütenfarbe verliert an Leuchtkraft. Blüht von Juni bis August. – **Standort:** Nicht sehr häufig auf steinigen Hängen, kargen Weiden, Matten und steinigen Triften. Von den Voralpenwiesen bis auf 2250 m ansteigend. Meist auf basischen bis neutralen Böden. – **Verbreitung:** Das Vorkommen der Alpen-Nelke ist inselartig auf die Ostalpen beschränkt, reicht aber dennoch östlich nur bis etwa zum Dachstein und fehlt den Wiener Hausbergen Rax und Schneeberg. Sehr vereinzelt auch in den Zentral- und Südalpen. – **Volksnamen:** Kuhdrecknagerl, Almanagerl, Niesnagl, Mahdernagalan.

Einblütiges Hornkraut

Cerastium uniflorum Clairv.

Merkmale: Kleines niederliegendes Nelkengewächs, das neben den dichtbeblätterten Blütenstengeln noch zahlreiche rasige, sterile Triebe bildet. Die grasgrünen Blätter sind von ovaler Form und zottig behaart. Die Blüten erreichen 1–1,5 cm im Durchmesser, die Kelchblätter sind voneinander getrennt, mit häutigem Rand, die weißen, vorne ausgerandeten Blumenkronblätter doppelt so lang als die Kelchblätter. Aus der Gattung der Hornkräuter, von denen oberhalb 1500 m etwa acht Arten vorkommen, die allesamt ziemlich unscheinbar und schwierig zu unterscheiden sind. – **Standort:** Das Einblütige Hornkraut wächst als Schuttüberkriecher im ruhenden Felsschutt und auf Geröllhalden, vorwiegend auf Silikatgestein. Zwischen 1900 und 3000 m. – **Verbreitung:** Ostalpin. Das nahe verwandte Breitblättrige Hornkraut, *Cerastium latifolium,* wächst auf ähnlichen Standorten, jedoch auf Kalk- und Dolomitgestein in den Westalpen und mittleren Alpen.

Kleinblütiges Seifenkraut

Saponaria ocimoides L.

Merkmale: 10–35 cm hohes, rasenbildendes Nelkengewächs mit ausgebreitetem, verzweigtem, oft niederliegendem Stengel und kleinen, ovalen Blättern, die in den Blattstiel verschmälert sind. Die Blüten stehen in einem rispigen Blütenstand, der von Drüsenhaaren klebrig ist. Sie sind nur knapp 1 cm im Durchmesser, lebhaft rosa gefärbt, mit einer Nebenkrone am verengten Blütenschlund. Der Kelch ist verwachsen und gleichfalls rot gefärbt. Blüht von Mai bis Oktober. – **Standort:** Nicht häufig, aber oft scharenweise auf sonnigen, steinigen Hängen, auf Schutthalden und Pleiken, im Sand und Kies von Wildbächen und Alpenflüssen. Wir können die Art aber auch in lichten Föhrenwäldern und Krummholzbeständen finden, sie steigt von der Ebene bis auf 2000 m hinauf. – **Verbreitung:** In den Alpen, vor allem in den Südalpen; Spanien, Pyrenäen, Französisches Zentralmassiv, Jura, Apennin.

Zwerg-Seifenkraut

Saponaria pumila (St. Lag.) Janch.

Merkmale: Gegenüber der vorstehenden Art eine Alpenpflanze, die dichte, polsterförmige Rasen bildet, in denen die großen, auffallenden Blüten eingesenkt sind. Die Blätter sind sehr schmal, stumpf, der Kelch aufgeblasen, zottig behaart, oft rot überlaufen, die Blumenkrone tiefrosa mit zweispitzigem Krönchen. Der stattlichste Vertreter einer Reihe einander ähnlicher alpiner Nelkengewächse, dieser mit den größten Blüten und den längsten Blättern; gegenüber dem gleichfalls polsterbildenden und rosafarben blühenden Stengellosen Leimkraut durch doppelt so große eingesenkte Blüten und den aufgeblasenen Kelch unterschieden. Die dazwischenstehende Alpen-Nelke ist an ihrem Rosettenwuchs und den deutlich gestielten Blüten kenntlich. Das Zwerg-Seifenkraut blüht im Juni und Juli, bis September. – **Standort:** Verstreut auf trockenen Weiden, Triften und Zwergstrauchheiden, auf saurem, kalkarmem, humosem Boden. In der Gesellschaft des Krummseggenrasens und Gemsheideteppichs, 1900–2600 m. – **Verbreitung:** Ostalpen, Dolomiten, Siebenbürgen. – **Volksnamen:** Saupeterstamm, Zigeunerwurz.

Alpenrebe

Clematis alpina (L.) Mill.

Merkmale: Diese 1–2 m hohe Schlingpflanze gehört, ebenso wie die nahe verwandte, weißblühende Waldrebe, zu den sonst nur krautigen Hahnenfußgewächsen *(Ranunculaceae)*. Ihre Blätter sind doppelt dreiteilig, gegenständig, die einzelnen achselständigen Blüten hängen an langen, fadendünnen Stielen. Die prächtigen, großen Blütenglocken sind hellblau bis tiefviolett, in der Mitte befinden sich zahlreiche gelbe Staubblätter. Der Nektar wird von den rinnig gestalteten Partien am Grund der Staubblätter abgeschieden und nur kräftige Hummeln und Bienen sind imstande, sie auseinanderzudrängen und zur Honigquelle zu gelangen. Blütezeit von Mai bis Juli. – Die Fruchtstände, silberne Fruchtschöpfe, die aus den verlängerten behaarten Griffeln zusammengesetzt sind, erinnern allein an die Zugehörigkeit zu den »Hahnenfüßen«. Die Früchtchen werden mit Hilfe dieser »Federschweifflieger« vom Wind weithin verbreitet. Die Alpenrebe ist giftverdächtig. – **Standort:** Die beinahe exotisch anmutende Pflanze, die einzige Liane der Alpen, wächst in lichten Zirben-, Lärchen- und Fichtenwäldern, sie durchspinnt niedrige Laubgebüsche mit ihren windenden Ranken, überwächst Felsen und Schutthalden und steigt bis in die Latschenregion und Alpenrosengebüsche. In schattigen Schluchten hingegen geht sie auch bis ins Tal hinab; sonst 1000–2400 m. – **Verbreitung:** Die Alpenrebe hat ein westliches Areal, das die Pyrenäen, den Apennin und die Westalpen umfaßt, und ein östliches Areal, mit den Ostalpen, Karpaten, Nordrußland, Nordasien und Nordamerika. Ihre Heimat ist wahrscheinlich Nordostasien, sie war jedoch schon in der Tertiärzeit in Europa. Die großen Lücken in ihrer Verbreitung sind durch die Eiszeiten entstanden. Die als Zierpflanzen vor allem zur Laubenbekleidung gezogenen, blau, rosa oder weiß blühenden Clematis-Sträucher mit flach ausgebreiteten Blüten sind Hybriden von japanischen Arten. – **Volksnamen:** Blauer Hopfen, Blauwaschl, Goaß-Strauben, Staudnrogei. –

Trotz ihrer weltweiten Verbreitung ist die wunderschöne Pflanze eher selten, die Begegnung mit ihr ein Erlebnis. Ihr Schutz sei jedem Bergwanderer ans Herz gelegt!

Akelei ⚠

Aquilegia vulgaris L.

Merkmale: Ausdauerndes Hahnenfußgewächs mit kräftigem Wurzelstock und aufrechtem, 40–80 cm hohem, meist verzweigtem, beblättertem Stengel. Die grundständigen Blätter sind langgestielt, fiederteilig, unterseits meist heller grün und behaart, die Stengelblätter kleiner und einfacher. Die großen, langgestielten und nickenden Blüten sind tiefblau bis dunkelviolett, manchmal auch in allen Schattierungen von Rosa bis Weiß. Die eiförmigen fünf Blütenhüllblätter stehen waagrecht ab, während die fünf kapuzenförmigen Honigblätter einen langen, einwärts gebogenen Sporn tragen. Die hellgelben Staubblätter stehen in Büscheln. Nicht selten kann man auch gefüllte Blüten finden, bei denen meist die Staubblätter in füllhornartige Honigblätter umgewandelt sind. Die Blüte der Akelei stellt mit ihrer leuchtenden Farbe und auffallenden Form ein wirksames Lockmittel dar. Als Bestäuber fungiert regelmäßig die Gartenhummel, die mit ihrem langen Rüssel leicht bis auf den Grund des Sporns reicht. Darüber hinaus rauben aber auch Bienen und kurzrüsselige Hummeln den Nektar und beißen dazu den Sporn an der Umbiegungsstelle von außen an. Blüht von Mai bis Juni. – **Standort:** Häufig in lichten Laubwäldern, auf steinigen Abhängen, in schattigen Tälern, auf Wiesen und an Waldrändern, in Gebüschen und Flußauen von der Ebene bis in die alpine Region (2000 m). Vielfach als Gartenflüchtling verwildert und eingebürgert. – **Verbreitung:** Die Stammform der Gattung gelangte schon in der Tertiärzeit aus Ostasien nach Europa, wo ein Teil der Arten in der Eiszeit zugrundeging. Ein anderer Teil überlebte in Südeuropa diese ungünstige Zeit und breitete sich nach der Eiszeit wieder aus. Bei vielen alpinen Akeleien wird für den Aufbau der eigentlichen Pflanze wenig Mühe verwendet: Sie eilt in der kurzen Vegetationszeit von der Blüte zur Frucht. Heutige Verbreitung: Süd- und Mitteleuropa, Nordafrika, gemäßigtes Asien bis China. – **Volksnamen:** Klokenblome, Pfaffenkappen, Kapuzienerhuetli, Weiberkappen, Schwyzerhose, Schlotterhose, Hosenlätzli, Tintenglocke, Farb Blueme. –

Die Akelei ist giftverdächtig: In ihren Blättern, Blüten und jungen Samenkapseln wurde Blausäure festgestellt; vom Weidevieh wird sie jedenfalls gemieden. In der Volksheilkunde wurde sie früher gegen Skorbut und Gelbsucht verwendet.

Blauer Eisenhut △

Aconitum napellus L.

Merkmale: Die gleichfalls zu den Hahnenfußgewächsen zählende, stattliche, 50–150 cm hohe Pflanze ist an ihren helmförmigen, ungespornten Blüten und an ihren großen, handförmig geteilten Blättern als eine Eisenhutart zu erkennen. Der Blaue Eisenhut hat einen schwärzlichen, rübenförmigen Wurzelstock, der für die nächstjährige Pflanze eine Nebenknolle ausbildet. Sein Stengel ist aufrecht und kräftig, seine gestielten Blätter sind oberseits dunkelgrün, unterseits lichtgrün und glänzend, handförmig fünf- bis siebenteilig, mit schmalen, linearen Abschnitten. Der Blütenstand ist eine reichblütige, gedrungene Rispe. Das oberste der fünf Blütenblätter, der »Helm«, wird von zwei langgestielten Nektarblättern sturmhutartig umschlossen. Blütezeit sind Juni bis August. Giftig! Neben dem Blauen Eisenhut finden wir in den Alpen noch den Rispigen Eisenhut, *Aconitum variegatum,* mit gleichfalls blauen bis rötlichvioletten Blüten und verzweigter Rispe und den nachfolgenden gelben Wolfseisenhut. – **Standort:** Der Blaue Eisenhut ist eine bezeichnende Art der Hochstaudenfluren, die wir in Karen und am Grund von Dolinen, aber auch auf gut gedüngten Almwiesen und in der Nähe von Viehtränken und Almhütten finden (Stickstoffzeiger). Er kommt auch in hochstaudenreichen Wäldern und am Rande von Bächen vor und steigt auf geeigneten, humosen und feuchten Standorten bis tief in die Täler hinab, wurde möglicherweise auch herabgeschwemmt und behauptet sich im Grauerlenwald der Donauauen. Von der Ebene bis auf 2000 m in der subalpinen und alpinen Stufe. – **Verbreitung:** Die »Eisenhüte« werden als eine uralte, arktische Gattung aus dem Tertiär angesehen. Von ihrem Ursprungsherd in Sibirien verbreiteten sie sich mit zahlreichen Arten in Europa, Asien und Amerika, wobei als Auslöser der pflanzlichen »Völkerwanderung« die Eiszeiten gelten. Das heutige Entfaltungszentrum der Gattung liegt in Ostasien. Unser Blauer Eisenhut ist jedoch auf die süd- und mitteleuropäischen Gebirge beschränkt. – **Volksnamen:** Helmblume, Blaukappen, Appoloniakraut, Fuchswurz, Teufelskraut, Blauer Sturmhut, Bösekraut, Taubenwagen, Täublein im Nest.

Wolfs-Eisenhut △

Aconitum vulparia Rchb.

Merkmale: Ebenso wie der Blaue Eisenhut eine stattliche Staude, die bis zu 1,5 m hoch werden kann. Die Blätter sind handförmig fünf- bis siebenspaltig geteilt, mit lanzettlichen Zipfeln. Die steifen Blütenstände sind zumeist unverzweigt, die Blüten blaßgelb bis weißlich, mit schmalem, walzigem Helm. Bei allen Eisenhutarten wird der Nektar von zwei großen Honigdrüsen ausgeschieden, die unter dem sturmhutartigen Hüllblatt liegen. Ihr süßer Inhalt ist nur Hummeln zugänglich. So vollendet sind die Blüten der »Eisenhüte« an den Körper der bestäubenden Hummeln angepaßt, daß ein Wachsausguß der Blüte unverkennbar einen Hummelkörper darstellt, Blume und Insekt sind aber auch so aufeinander abgestimmt, daß das Verbreitungsgebiet des Eisenhuts innerhalb des Verbreitungsgebietes der Hummeln liegt. Beim Gelben Eisenhut kommt es allerdings auch oft vor, daß honigraubende Hummeln die Spitze des langen Helmes anbeißen und den Nektar auf kurzem Weg, und ohne zu bestäuben, stehlen. Blüht von Juni bis August. – **Standort:** Der Wolfs-Eisenhut wächst ähnlich wie sein blauer Bruder trupp- oder herdenweise in Hochstaudenfluren, auf feuchten Weiden und in hochstaudenreichen Wäldern mit nährstoffreichen Böden, nicht selten auch zwischen Krummholz- und Grünerlengebüsch auf wasserzügigen Hängen. Von der Ebene bis auf 2400 m (Montane bis Subalpine Stufe). – **Verbreitung:** Der Wolfs-Eisenhut ist von Europa bis Sibirien verbreitet, jedoch etwas enger begrenzt als der Blaue Eisenhut. Zweifellos war Sibirien in der Tertiärzeit der Mittelpunkt der Entwicklung der Gattung. Tropische oder auch nur südliche Arten sind unbekannt. – **Volksnamen:** Gelbe Fuchswurz, Hundstod, Teufelswurz, Ziegentod. –

Alle Eisenhutarten sind stark giftig und wurden früher zum Vergiften von Raubwild verwendet, wie schon aus ihren Volksnamen hervorgeht. Sie enthalten die Alkaloide Aconitin und Napellin, in der Knolle auch noch weitere, chemisch komplizierte Giftstoffe. Offizinell sind auch heute noch die Wurzelknollen (Tubera Aconiti und Radix Aconiti), mit denen man eine schmerzlindernde Wirkung bei Neuralgien, Gelenkserkrankungen, Gicht und Rheumatismus erreicht. Der Eisenhut gilt als einer der giftigsten Heilpflanzen, eine Selbstbehandlung ist daher lebensgefährlich! Bei Vergiftungen kommt es zu heftigen Darmschmerzen, kaltem Schweiß, Speichelfluß, Delirien, Lähmungen und Tod!

Schneerose △

Helleborus niger L.

Merkmale: Stark giftiges, bis zu 30 cm hohes Hahnenfußgewächs mit ausdauerndem, schwarzem (bot. Name *niger*!) Wurzelstock und wintergrünen, ledrigen, gestielten Grundblättern, die sieben- bis neunfach geteilt sind. Die großen, wächsern weißen bis rosa überlaufenen Blüten stehen einzeln auf dickem, fleischigem Schaft, der mit wenigen, schuppenförmig verkümmerten Hochblättern besetzt ist. Nach dem Aufblühen verfärben sich die Blütenblätter purpurn oder grünlich und bleiben bis zur Fruchtreife erhalten. Die Schneerose blüht vom Februar bis April, an geschützten sonnigen Stellen und milden Wintern auch schon im November und Dezember (»Christrose«!) Sie ist die erste Blume des Jahres. – **Standort:** Wir finden sie in lichten Bergwäldern bis hinauf in die Latschenregion, auf steinigen, locker bebuschten Abhängen, nährstoffreichen Weiden, in Fichten- und Buchenwäldern von der Ebene bis auf 1800 m. Sie ist ein typischer Kalkzeiger. Die hübsche Pflanze wird auch in Gärten und Parkanlagen viel gepflanzt. – **Verbreitung:** Nördliche und Südliche Kalkalpen, Voralpen, Apennin, Illyrische Gebirge, Balkan. – **Volksnamen:** Ein Spiegelbild ihrer ungewöhnlichen Blütezeit und ihrer Heilwirkungen: Christblume, Eisblume, Schneeblume, Schneekaderl, Winterblume, Weihnachtsrose, Winterrose, Märzenkaiberl, Nieswurz, Krätzenbleamel, Schelmenrose, Güllwurz. –

Die Wurzel der Schneerose, in Wein gekocht, wurde im Altertum als Mittel gegen Geisteskrankheit verwendet. Die Volksheilkunde verwendet sie auch heute noch als Brech- und Abführmittel; auch gegen Wassersucht und Harnverhalten wurde sie empfohlen. Wegen ihres hohen Giftgehaltes ist von einer Selbstbehandlung jedoch dringend abzuraten: »Drei Tropfen machen rot, neun Tropfen machen tot«. Bei Vergiftungen treten Schwindel, Schluckbeschwerden, Durchfall und Herzzusammenbruch auf. Wirksamer Pflanzenteil ist der Wurzelstock, der im frischen Zustand scharf ranzig riecht und zum Niesen reizt (»Nieswurz«). Der Geschmack der Wurzel ist zuerst süßlich, dann bitter und beißend. Vom Weidevieh wird sie deshalb gemieden. Schneerosen sind wegen ihrer frühen Blütezeit und deshalb trotz ihres stellenweise häufigen Vorkommens gefährdet.

Alpen-Kuhschelle ▲

Pulsatilla alpina (L.) Schrk. s. s.

Merkmale: Dieses Hahnenfußgewächs wird 10–30 cm hoch, die grundständigen Blätter sind dreizählig, doppelt-fiederschnittig und abstehend behaart; die Blüten auffallend groß (3,5–5,5 cm im Durchmesser), außen bläulich überhaucht und zottig behaart, innen rein weiß. Die Blüten anfangs glockig, voll aufgeblüht aber sternförmig. Blüht von Juni bis August. – **Standort:** Ziemlich häufig auf steinigen Matten und Triften, an Felsbändern und unter Latschen, stets auf kalkreichem Boden; die gleichfalls weißblühende, kleinblütige Unterart *Pulsatilla alba* auf kalkarmem Gestein. In der Gesellschaft der Blaugrashalden, Horstseggenrasen und Hochstaudenfluren zwischen 1500 und 2800 m. – **Verbreitung:** Nördliche und Südliche Kalkalpen, Südjura, Apennin. – **Volksnamen:** Der charakteristische, haarschopfartige Fruchtstand (aus den fedrigen Griffeln gebildet) war Anlaß für viele drollige und treffende Volksnamen: Teufelsbart, Petersbart, Bocksbart, Gemsbart, Munggschnutze (schweizerisch; Murmeltier-Schnurrbart), Haar-im-Arsch, Haarmännle, Hutzelmannlen, Grawe Bergmännle, Wilde Männle, Wild Mannskraut, Strubelbuebe, Grantiger Jaga, Zodada Jaga.

Gelbe Kuhschelle ▲

Pulsatilla sulphurea (DC.) DT. et Sarnth.

Merkmale: Sie unterscheidet sich von der ihr nahestehenden Alpen-Kuhschelle durch schwefelgelbe Blüten. Blüht von Juni bis August. – **Standort:** Auf sonnigen, trockenen Magermatten, Weiden und in Zwergstrauchbeständen, immer auf kalkarmer, saurer Unterlage zwischen 1100 und 2700 m. Die Alpen-Kuhschelle und die Gelbe Kuhschelle sind ein gutes Beispiel für das sogenannte Vikariieren der Arten, das besagt, daß zwei nahe verwandte Sippen einander vertreten – in diesem Fall auf verschiedenen Standorten: Die Alpen-Kuhschelle wächst nur auf Kalkgestein, die Gelbe Kuhschelle ausschließlich auf saurem Gestein. – **Verbreitung:** West- und Mittelalpen, Pyrenäen. Das Zentrum der Gattung liegt in Mittel- und Ostasien. Während die weißblühende Alpen-Kuhschelle, wahrscheinlich die ursprünglichere Form, in ihreren Gesamtverbreitung zwei getrennte Gebiete bewohnt, ist die Gelbe Kuhschelle rein mitteleuropäisch-alpin. Verwandte Sippen in den europäischen Mittelgebirgen, Karpaten, im Kaukasus und pazifischen Nordamerika.

Alpen-Hahnenfuß

Ranunculus alpestris L.

Merkmale: Ausdauerndes Hahnenfußgewächs mit kleinen, gestielten, handförmig geteilten, drei- bis fünfspaltigen Blättern, die eigenartig fettig glänzen. Der aufrechte, kahle, meist blattlose Stengel trägt eine einzelne, schneeweiße Blüte. Kelch grün, Blumenkronblätter ausgerandet. Nicht selten findet man auch gefüllte Blüten. Am Grunde jedes Blumenblattes (oder »Honigblattes«) wird Nektar abgesondert, der zahlreiche Fliegen anlockt. Auch Selbstbestäubung ist leicht möglich. Die Einzelfrüchtchen sind fast kugelig aufgeblasen, mit langem, geradem Fruchtschnabel, der an der Spitze etwas zurückgekrümmt ist. Blüht von Mai bis September. Außer dem Alpen-Hahnenfuß finden wir in den Alpen aber noch eine Reihe anderer »Hahnenfüße«, weiß- und gelbblühende, darunter hochwüchsige Hochstauden ebenso wie Fels- und Zwergpflanzen der Schneeböden, die sich allesamt in dem unwirtlichen Klima behaupten. Vor allem der ebenfalls weiß bis rosa blühende Gletscher-Hahnenfuß, *Ranunculus glacialis,* schafft es, ohne sichtbare Anpassungen, ohne Polster- oder Rosettenwuchs, ohne stärkere Behaarung oder ledrige Blätter, bis auf 4000 m zu steigen. Den absoluten Höhenrekord für die europäischen Gebirge stellt er mit dem höchsten Vorkommen einer Blütenpflanze in den Alpen auf dem Finsterahorn in 4275 m Höhe auf. Man vermutet, mangels anderer Erklärungen, eine erblich bedingte Widerstandsfähigkeit gegen Kälte. – **Standort:** Der Alpen-Hahnenfuß ist ausgesprochen feuchtigkeitsliebend und nahezu kalkstet. Wir finden ihn häufig auf überrieselten Felsen und feuchtem Grob- oder Feinschutt, auf lange schneebedeckten oder von Schmelzwasser durchfeuchteten Stellen in der Nähe von Schneewächten, auch auf frischen Weiden und Triften mit kalkreichem, humosem Boden. Der Alpen-Hahnenfuß paßt sich an die kurze Vegetationszeit seines Standortes dadurch an, daß er schon unter dem Schnee grüne Laubblätter entwickelt und die schon lang vorbereiteten Blüten gleich nach dem Aperwerden entfaltet. In der Gesellschaft der Blaukressen und Täschelkrautfluren, in offenen Pionierrasen und Zwergweidenspalieren; 1500–2760 m. – **Verbreitung:** Alpen, vor allem Kalkalpen, in den Zentralalpen an kalkreichen Stellen. Pyrenäen, Jura, Karpaten, Apennin. Fehlt im Norden. – **Volksnamen:** Gamskreß, Arone, Jegerblettleni. –

Der Alpen-Hahnenfuß ist giftig. Der ausgepreßte Saft reizt die Haut und wurde früher als Ableitungsmittel bei Hexenschuß und Rheumatismus verwendet. Die Homöopathie empfiehlt eine Essenz des Alpen-Hahnenfuß bei Neuralgien, Brustfellentzündung und Rheuma.

Trollblume △

Trollius europaeus L.

Merkmale: Ausdauerndes, 10–60 cm hohes Hahnenfußgewächs mit handförmig geteilten, oberseits dunkelgrünen, unterseits lichter grünen Blättern – die grundständigen langgestielt, die oberen sitzend. Stengel aufrecht, meist unverzweigt, mit endständiger, zitronengelber bis gelbgrüner Blüte. Die 10 Blumenkronblätter schließen mit den 5–10 Nektarblättern fast kugelig zusammen und schützen die Staubblätter vor Regen. Die großen, schwach duftenden Blüten stellen einen wirksamen Schauapparat dar, der zahlreiche Insekten anlockt. Die besuchenden Bienen, Hummeln, Fliegen und kleinen Käfer gelangen durch die nach innen geneigten Blumenkronblätter in die Mitte der Blumen auf die Narben und bewirken regelmäßig Fremdbestäubung. Bei Schlechtwetter und ausbleibendem Insektenbesuch ist jedoch auch spontane Selbstbestäubung möglich, weil die äußeren Staubblätter die Narben überragen. Wie die meisten Hahnenfußgewächse ist auch die Trollblume giftig. Sie blüht von Mai bis Juni, vereinzelt noch ein zweites Mal im Herbst. – **Standort:** Die auffallend hübsche Pflanze wächst ziemlich häufig und meist gesellig auf feuchten Fettwiesen, in Flachmooren und Hochstaudenfluren. Im Frühsommer leuchten ihre dicken, runden Vollmonde aus dem Gräsermeer, oft in Gesellschaft des rosafarbenen Schlangenknöterichs. Die Trollblume ist ein Stickstoffzeiger und liebt gedüngte Wiesen, geht auch in Läger. Sie steigt von der Ebene bis auf 3000 m. Mit zunehmender Höhenlage wird die stattliche, halbmeterhohe Pflanze immer niedriger und kleiner, bis sie schließlich oft nur mehr kleinfingerlang ist, während die Blütengröße ziemlich unverändert bleibt. – **Verbreitung:** Über ganz Europa verbreitet, im Süden nur in den Gebirgen, aber auch im Kaukasus und im arktischen Nordamerika. – **Volksnamen:** Der Name der Trollblume (lat. *Trollius*) dürfte nicht vom »Troll« kommen, wie man glauben könnte, sondern – aus dem Deutschen zu »trulleus« abgeleitet – den Begriff des Runden, Kugeligen umschreiben und ein rundes Gefäß bedeuten. In den alten deutschen Volksnamen klingt der ursprüngliche Wortstamm noch an: Troldara, Rolla, Berg-, Moos-, Bach- oder Goldrolla, Blasenkropf, Kappala, Glotzblume, Butterrose, Butterknolle, Schmalzpulle, Eierblom, Almkaibl. Runkeln, Krunkeln und Rugala dagegen kommen wohl von *Ranunculus*.

Alpenmohn

Papaver rhaeticum Leresche

Merkmale: 5–15 cm hohes, ausdauerndes Mohngewächs *(Papaveraceae)* mit stark fiederteiligen Blättern und einblütigem, steifhaarigem Stengel. Blüte in der Knospe nickend, später aufrecht, goldgelb, stark nach Moschus, Nelken und Mohn duftend. Der Alpenmohn kommt in weißen und gelben Kleinarten vor, blüht jedoch niemals rot, wie der sprichwörtlich »Rote Mohn« der Ebene; dafür aber kommt im Himalaja ein wunderschöner, tiefblauer Gebirgsmohn vor. Blütezeit ist Juli und August. – **Standort:** Der Alpenmohn ist eine wahre Zierde der Kalkschutthalden. Seine leuchtend gelben Blüten finden wir locker verstreut auf kahlem Geröll, Schuttfeldern und Moränenschottern. Sämtliche Alpenmohne sind kalkstet. So zart die Pflanze mit ihren, von jedem Windhauch bewegten Blüten erscheint, so kraftvoll ist sie mit einer Pfahlwurzel im fließenden Schutt verankert, stemmt sich gegen das strömende Geröll und bringt es mitunter sogar zum Stillstand. Wie ein Bergsteiger mit seinem Seil sichert sie sich mit hangaufwärtsziehenden Wurzelfasern ab. Die eigentlichen, feinverzweigten Nährwurzeln entspringen diesem Wurzelseil und durchspinnen die stets feuchte Feinerde unter dem Schutt. – **Verbreitung:** Der Alpenmohn dürfte in früheren Erdzeitaltern weiter als heute verbreitet gewesen sein. Dafür sprechen die großen Lücken im Verbreitungsgebiet sowie einzelne, isoliert vorkommende Kleinarten etwa in den Abruzzen. Derzeitige Verbreitung von den Zentral- und Ostpyrenäen zu den Südwestalpen mit einer Lücke in den Bergamasker Alpen, ferner vom Engadin ostwärts bis in die Tauern, im Jura, den Karpaten, Illyrischen Gebirgen und der Balkanhalbinsel. Meidet die stark vergletscherten Gebiete. Das Verbreitungszentrum der Gattung ist mit etwa 100 Arten das (vorwiegend östliche) Mittelmeergebiet. Bemerkenswert ist die geographische Differenzierung des Alpenmohns in räumlich getrennte Unterarten: Die Nördlichen Kalkalpen mit weißblühenden Sippen, die Südlichen Kalkalpen mit gelbblühenden; hievon jeweils in den östlichen Ostalpen Sippen mit schmalen Blattfiedern, westlich davon mit breiteren Abschnitten. Gelegentlich kann man in den Alpen einen verwilderten, zentralasiatischen Mohn finden *(Papaver nudicaule)*, der größer und stärker behaart und als Gartenflüchtling anzusprechen ist.

Steinschmückel
Petrocallis pyrenaica (L.) R. Br.

Merkmale: Ein Kreuzblütler *(Brassicaceae)*, dessen zarte Pflänzchen zu kleinen, lockeren Polstern, genauer »Hohlkugelkissen« zusammenschließen. Durch eine eigenartige Anordnung der Blättchen und Triebe erscheinen sie nämlich außen wie mit einer festen Rinde umgeben, während sie innen hohl sind, nur von den dünnen Stämmchen durchzogen. Die kleinen Blätter sind rosettig gehäuft, vorne spitz dreilappig und bewimpert; die rötlichen oder lilafarbenen Blüten stehen auf kurzen Stielen in einer dichten Doldentraube und verströmen einen feinen, süßen Duft. Blüht im Juni und Juli. – **Standort:** Die hübsche Polsterpflanze wächst eher selten auf Schutthalden und Felsbändern, in Felsspalten, auf Kalkfelsen und im Geröll. Wir finden sie in der Gesellschaft der Täschelkrautflur; 1700–3400 m. – **Verbreitung:** Die Gattung besteht nur aus dieser einzigen Art und ist vollständig isoliert in der europäischen Flora. Unser kalk- und felsstetes Steinschmückel folgt in den Alpen dem Verlauf der Kalkalpenzone, fehlt in den zentralen Ketten vollständig, strahlt hingegen in die Pyrenäen und Karpaten aus.

Immergrünes Felsenblümchen
Draba aizoides L.

Merkmale: Ebenfalls ein Kreuzblütler. Kleines, 5–10 cm hohes, immergrünes Pflänzchen mit grundständiger Blattrosette. Blätter starr, borstig-kammförmig bewimpert, sonst kahl. Stengel blattlos mit gelber, kopfig gehäufter Blütendolde. Die Frucht ist ein länglich-eiförmiges, zusammengedrücktes Schötchen; die winzig kleinen und leichten Samen werden vom Wind verbreitet, können aber auch durch Verschleimen der Oberhaut an vorbeistreifende Tiere und von dort an Felswände angeklebt werden. Verwandt mit den Hungerblümchen des Tieflandes. Blüht von April bis August. – **Standort:** In Felsritzen und -bändern, auf ausgesetzten Graten und im ruhenden Felsschutt, in Pionierpolstern und offenen Rasenbeständen auf kalkreicher Unterlage. Besonders unempfindlich gegen Kälte und Winddürre: überwintert mit vorgebildeten Blütenknospen auch ohne Schneeschutz. In der Gesellschaft des Polsterseggenrasens, der Silberwurzflur und der Weidenspaliere zwischen 1600 und 3400 m. – **Verbreitung:** Alpen (mit Ausnahme der kristallinen Zentralketten); Pyrenäen, Jura, Französisches Bergland, Kroatien, Nordkarpaten.

Zwerg-Gänsekresse

Arabis pumila Jacq.

Merkmale: Kleiner, aber ausdauernder, 5–20 cm hoher Kreuzblütler, bei dem aus einer langen, dünnen, verästelten Wurzel zahlreiche verzweigte Sprosse entspringen, die mit einer Blattrosette enden. In diesen Rosettenscharen sammeln sich abgestorbene Blattreste und anfliegender Staub. Dieser eigenproduzierte Humus wird von der Pflanze mit kurzen Nährwurzeln durchzogen. Grundständige Blätter sind oval, von Sternhaaren rauh, der Blütenstengel ist mit zwei sitzenden, bewimperten Blättern besetzt und trägt die armblütige Doldentraube. Die Blüten sind weiß. Blüht von Juni bis August. Die Frucht ist eine 4 cm lange, relativ breite Schote. – **Standort:** Ziemlich häufig in Felsspalten, auf sonnigen Schutthalden und Geröll, seltener in Schneeböden und lückigem Rasen. Stets auf Kalk! In Täschelkrautflur, offenem Polsterseggenrasen und Rostseggenrasen; 1500–3000 m. – **Verbreitung:** Alpen, Apennin, Karpaten. – Der Gattungsname »Gänsekresse« soll daher kommen, daß man diese Pflanze als wertloses Futter den Gänsen überließ.

Rundblatt-Täschelkraut

Thlaspi rotundifolium (L.) Gaud.

Merkmale: Kreuzblütler, von dessen kräftiger Pfahlwurzel viele blütentragende und sterile Triebe entspringen. Diese unbewurzelten Triebe sind locker besetzt mit kahlen, bläulichen, ovalen, stengelumfassenden Blättern; die grundständigen sind rosettig gehäuft. Die hellvioletten Blüten stehen in einer kugeligen Blütentraube und erfüllen die Luft mit ihrem schweren, süßen, an Levkojen erinnernden Duft. Blüht von Juni bis September. – **Standort:** Die Art überzieht oft fleckenweise die lange schneebedeckten Kalk- und Dolomit-Schutthalden. Als typischer Schuttwanderer ist sie mit ihrer Pfahlwurzel in der Tiefe verankert, während die oberirdischen Ausläufer sich durch den Schutt winden und immer wieder zum Licht streben. Namengebender und wichtigster Vertreter der Täschelkrautflur; 1300–3300 m. – **Verbreitung:** Nur in den Alpen und hier vor allem in den Nördlichen und Südöstlichen Kalkalpen. Eine nahe verwandte Sippe wächst in den Westalpen auf eher kalkarmem Gestein. – **Volksname:** Gamskresse: Die Blätter sind von einem pikanten, kressenartigen Geschmack und die Lieblingsnahrung der Gemsen.

Berg-Hauswurz △

Sempervivum montanum L.

Merkmale: Dickblattgewächs *(Crassulaceae),* das kugelige und sternförmige Rosetten von 2–5 cm Breite bildet. Die beiderseits drüsig behaarten, fleischigen Blätter enden in einer kurzen, oft roten oder bräunlichen Spitze. Der gleichfalls dicht drüsig behaarte Stengel trägt 3–10 sternförmige, rotviolette Blüten mit dunklerem Mittelnerv. Blüht von Juli bis September. – **Standort:** Ziemlich verbreitet in Fels- und Schuttfluren, auf steinigen Weiden und Triften, in Felsspalten und Zwergstrauchheiden, auf sauren, kalkarmen Böden. In fast allen alpinen Rasengesellschaften auf Silikat (Krummseggenrasen, Borstgras-, Violettschwingel-, Horstseggenrasen) und in Silikatspaltengesellschaften, zwischen 1700 und 3400 m. Wie alle Hauswurzarten kann auch die Berg-Hauswurz große Trockenheit ertragen, weil sie imstande ist, in ihren fleischigen Blättern Wasser zu speichern (Blattsukkulente; gegenüber den ebenfalls wasserspeichernden Stammsukkulenten, wie etwa den neuweltlichen Kakteen oder den subtropischen Wolfsmilchbäumen Afrikas). Sie ist ungemein genügsam und lebenskräftig: *sempervivum* heißt nicht umsonst »immer lebendig«. Sie kann sich auch durch vegetative Ableger, kleine kugelige Rosetten, vermehren, die durch Viehtritt oder vom Wind abgelöst werden und sich wieder anderswo neu einwurzeln. – **Verbreitung:** Die Berg-Hauswurz ist in zwei Sippen verbreitet, von denen die eine typische (subsp. *montanum*), etwas kleiner und zierlicher, mit kugeligen Rosetten den westlichen Teil des Verbreitungsgebietes besiedelt, während die andere (subsp. *stiriacum*), mit sternförmigen Rosetten und doppelt so großen Blüten, im Osten vorkommt. Allgemeine Verbreitung: Alpen, Pyrenäen, Korsika, Karpaten. – **Volksnamen:** Donnerknöpf, Donnerlauch, Donnerkraut, Wilder Rhabarber. –

In der Volksheilkunde wurden alle Hauswurzarten zur Bereitung einer Wund- und Brandsalbe und als Wurmmittel verwendet. Auch im Aberglauben spielten sie eine große Rolle: Schrieb man ihnen doch die Fähigkeit zu, den Blitz abzuhalten, weshalb vor allem die Dachhauswurz, *Sempervivum tectorum,* bis heute noch auf manchen Dächern angepflanzt wird. Alle Hauswurzarten sind geschützt.

Bach-Steinbrech △

Saxifraga aizoides L.

Merkmale: Lockerrasig wachsendes, bis zu 30 cm hoch werdendes Steinbrechgewächs *(Saxifragaceae)* mit aufstrebendem Stengel und fleischigen, schmal lanzettlichen, am Rande bewimperten Blättern. Die sternförmigen Blüten sind leuchtend zitronengelb mit orangeroten Punkten. Der Pollen ist feuerrot, das reichlich Honig produzierende Nektarium ist ebenfalls gelb. Dieser auffallende Schauapparat lockt vor allem Fliegen an – über 85 Arten wurden an den Blüten beobachtet. Blüht von Juni bis August. – **Standort:** Der Bach-Steinbrech ist ausgesprochen feuchtigkeitsliebend und folgt daher überall dem Wasser. So finden wir seine triefenden Polster mit Vorliebe im Sprühbereich von kalten Quellen und Bächen, er wächst auf überrieselten Felsen und im feuchten Ruhschutt auf kalkreichem Gestein. Charakteristisch für Quellfluren, steigt bis auf 3100 m. – **Verbreitung:** Alpen, Südjura, Pyrenäen, Karpaten, Apennin, Illyrische Gebirge, Balkanhalbinsel; subarktisches und arktisches Eurasien und Amerika. – **Volksnamen:** Fetthennen-Steinbrech, weil seine fleischigen Blätter an eine »Fette Henne« (Hauswurz) erinnern.

Gegenblatt-Steinbrech △

Saxifraga oppositifolia L.

Merkmale: Ein kriechender Steinbrech, der mit seinen stark verzweigten, niederliegenden Trieben flache, blaugrüne Polster bildet. Die kleinen, etwas fleischigen Blätter sind elliptisch-stumpf, am Rande bewimpert und gegenständig an den Trieben angeordnet. Die relativ großen, einzelnen und endständigen Blüten sind anfangs rosa bis weinrot und verfärben sich später auf violett bis blau. Blüht von Mai bis Juli. – **Standort:** Überaus genügsames Gewächs, das ziemlich häufig auf Felswänden und Graten ebenso gedeiht wie in Kalkschutt, Bachgeröll oder am Rande von Gletschern, in offenen Rasen und steinigen Triften. Der Gegenblatt-Steinbrech ist auch unempfindlich gegenüber Temperaturextremen: Auf sonnigen Felswänden blüht er unter Umständen auch noch oberhalb der Schneegrenze inmitten des ewigen Eises auf Nunatakker-Standorten (vgl. Seite 6). Zwischen 1800 und 3500 m. – **Verbreitung:** Alpen; Sierra Nevada, Pyrenäen, Jura, Sudeten; Karpaten, Balkanhalbinsel; dann subarktisches und arktisches Eurasien und Nordamerika. – **Volksnamen:** Blaues Steinmies.

Moos-Steinbrech △

Saxifraga bryoides L.

Merkmale: Niedriger, 3–6 cm hoher Steinbrech, der dichte, flache, moosartige Polster bildet. Die kurzen, schmal lanzettlichen Grundblätter sind starr, dornig bewimpert und schließen rosettig zusammen. Die Stengelblätter sind klein und unscheinbar. Die sternförmigen Blüten sind etwa 1 cm im Durchmesser, gelblichweiß, am Grunde gelb. Blüht im Juli und August. – **Standort:** Ziemlich häufig auf ruhendem Silikatschutt, auf Moränen am Rande von Gletschern, in Felsspalten und offenem Rasen; bevorzugt kalkarmes Gestein. In Gesellschaft der Pionierrasen und Krummseggenrasen; 1800–4000 m. Der Moos-Steinbrech gehört mit zu den höchststeigenden Blütenpflanzen der Alpen und wagt sich auf dem Matterhorn bis auf 4200 m hinauf. Eine verwandte Art, der recht ähnliche Rauhblättrige Steinbrech, *Saxifraga aspera*, mit höherem Wuchs und mehrblütigem Stengel, steigt in etwas tiefere Lagen herab. – **Verbreitung:** Alpen; Pyrenäen; Sudeten, Karpaten, Balkanhalbinsel. Außer den genannten Steinbrecharten können wir in den Alpen noch eine ganze Reihe weiterer Steinbreche finden – hat doch diese Familie beinahe für jeden Standort im Gebirge einen Spezialisten entwickelt.

Blattloser Steinbrech △

Saxifraga aphylla Sternbg.

Merkmale: Ein Vertreter aus der Familie der Steinbrechgewächse, dessen Name »Blattloser Steinbrech« etwas irreführend ist – hat er doch, wie alle Nichtschmarotzerpflanzen, natürlich auch Blätter. Allerdings fehlen sie dem Stengel: Sie sind an dessen Grunde rosettig gehäuft, die einzelnen Blättchen keilförmig, vorne drei- bis fünfspaltig, manchmal auch ungeteilt. Das zarte, lockerrasig wachsende Pflänzchen wird 3–8 cm hoch, der einblütige Stengel trägt die unscheinbare, sternförmige, gelbliche Blüte. Blüht von Juli bis September. – **Standort:** Nicht häufig auf Kalkschutthalden im fließenden oder ruhenden Geröll. Charakteristische Art der Täschelkraut-Schuttflur; 1700–3200 m. – **Verbreitung:** Der Blattlose Steinbrech ist ausschließlich auf die Alpen und hier wiederum auf die Ostalpen beschränkt. In den Nördlichen Kalkalpen verbreitet, in den Zentralalpen nur auf Kalk und selten.

Alpen-Heckenrose △

Rosa pendulina L.

Merkmale: Niedriger, höchstens 1 m hoher, schwach verästelter Strauch, dessen blütentragende Zweige oft stachellos sind. Die kahlen Blätter sind unpaar gefiedert, aus ovalen Teilblättchen zusammengesetzt, mit drüsig gesägten Nebenblättern. Die großen (4–5 cm im Durchmesser), dunkel rosafarbenen Blüten mit den zahlreichen gelben Staubblättern duften zart und lieblich. Die Frucht ist eine Scheinfrucht, die bekannte Hagebutte; sie ist flaschenförmig bis kugelig, orangefarben und schmeckt säuerlich-süß. Die Alpen-Heckenrose blüht von Juni bis August. – **Standort:** Wir finden die hübsche, kleine Wildrose zerstreut in lichten Bergwäldern und an felsigen Hängen, im Grünerlengebüsch und in Latschenbeständen, in Hochstaudenfluren und Zwergstrauchheiden zwischen 500 und 2600 m. Die Alpen-Heckenrose ist die einzige und zugleich wahre Gebirgsrose: Sind doch die beiden »Alpenrosen« keine Rosen, sondern Heidekrautgewächse *(Ericaceae)*. – **Verbreitung:** Gebirge Süd- und Mitteleuropas, Spaniens, der Sudeten und Karpaten. – **Volksnamen:** Helfenstude, Frauenrose, Buttelrose. – In der Volksheilkunde werden die Früchte der Alpenheckenrose ebenso verwendet wie die gewöhnlichen Hagebutten. Sie zeichnen sich durch einen hohen Vitamin-C-Gehalt aus und enthalten Äpfel-, Zitronen-, Bernsteinsäure, ätherische Öle, Invertzucker, Dextrose, Saccharose, Kieselsäure und Eisen, um nur einige der wirksamen Inhaltsstoffe zu nennen. Der Tee aus den Früchten wirkt harntreibend, ohne die Nieren zu reizen, und blutreinigend. Marmelade und Wein aus Hagebutten sind reich an Vitamin C, müssen jedoch im gleichen Jahr verbraucht werden. Da die Inhaltsstoffe in den Hagebutten der gewöhnlichen Heckenrose die gleichen sind, die Alpenrose aber teilweise geschützt ist, empfiehlt es sich, seinen Bedarf an Hagebutten an der weit verbreiteten und viel reicherfrüchtigen Heckenrose der Ebene zu decken.

Kriechende Nelkenwurz

Geum reptans L.

Merkmale: Rosengewächs *(Rosaceae)* mit beblätterten, erdbeerartigen Ausläufern, die bis zu 1 m lang werden können und an ihren Enden festwurzelnde Tochterpflanzen hervorbringen. Die Blätter liegen in Rosetten dem Boden auf; sie sind unterbrochen gefiedert und besonders unterseits (auch drüsig) behaart. Der verwandten Berg-Nelkenwurz, *Geum montanum,* fehlen Ausläufer, ihre Blätter sind leierförmig gefiedert, d. h. sie besitzen große Endblättchen und kleinere Seitenblättchen. Die Kriechende Nelkenwurz wird 3–15 cm hoch, an dem meist einblättrigen Stengel stehen die riesigen, leuchtend gelben Blüten. An den zahlreichen Früchten (Abbildung unten) bilden die federhaarigen, bis zu 30 cm langen Griffel eine rötlich schimmernde, seidig behaarte Fruchtperücke. Die Pflanze wird deshalb auch »Gletscher-Petersbart« genannt. (Ähnliche Früchte mit verbleibendem, behaartem Griffel finden sich bei der Kuhschelle.) – **Standort:** Ziemlich häufig auf steilen Geröllhalden, Grobschutthängen und Moränen, auch in schattigen Felsspalten, aber niemals in Rasen, bevorzugt auf kalkarmem Gestein. Die Kriechende Nelkenwurz verbindet die Eigenschaften der Schuttstrecker und Schuttüberkriecher: Von einem aufrechten Stamm, der als Schuttstrecker fungiert, entspringen in dessen Blattachseln die schuttüberkriechenden Ausläufer. Mit den stehenbleibenden Blattbasen umhüllt es die inneren, lebenden Teile und schützt sie vor Verletzungen. Höhenvorkommen: zwischen 2100 und 3400 m. – **Verbreitung:** Alpen (fehlt in den Nördlichen Kalkalpen), Illyrische Gebirge, Karpaten. – **Volksnamen:** Petersbart, Grantiger Jager, Haarmandli. Der Gattungsname *Geum* geht auf Plinius zurück, der damit eine antike Heilpflanze bezeichnete.

Silberwurz

Dryas octopetala L.

Merkmale: Rosengewächs. Der niederliegende, rasenbildende Spalierstrauch breitet sein verzweigtes, horizontales Astwerk über den Boden, wobei sich Ästchen und Zweige wieder bewurzeln. Auf diese Art entsteht ein verholzter Rasen, der mit zahlreichen Pfahlwurzeln in der Tiefe verankert ist und dem nachrutschenden Geröll einen wirksamen Widerstand entgegensetzt. Die immergrünen, ledrigen Blätter sind stumpf gezähnt, am Rande umgerollt, oberseits dunkelgrün und glänzend, unterseits weißfilzig. Die relativ großen Blüten (2–4 cm im Durchmesser) sind milchig weiß und erinnern, ebenso wie die haarschopfartigen Fruchtstände, an Kuhschellen. Blüht von Mai bis August. – **Standort:** Die Silberwurz ist eine der wichtigsten Pionierpflanzen auf kalkreichen Rohböden. Sie festigt das lose Geröll der Schuttkare und Moränenhalden, besiedelt Schwemmböden und scheut auch winterlich schneefrei geblasene Grate nicht. Bezeichnend für Polsterseggenrasen und Blaugrashalden zwischen 1200 und 2500 m. – **Verbreitung:** In allen heimischen Hochgebirgen und rund um den Pol. Ihre charakteristischen, ledrigen Blätter finden sich bereits in eiszeitlichen Tonablagerungen, den »Dryas-Tonen«. – **Volksnamen:** Petersbart, Milchrose, Wild Mann, Kaisertee, Hirschzermatt, Schwizertee.

Dolomiten-Fingerkraut

Potentilla nitida L.

Merkmale: Rosengewächs. Niedriger Spalierstrauch, der dichte, silbergraue Rasen bildet. Die beiderseits filzig-seidenhaarigen Blätter sind meist dreizählig gefingert, mit großen, geöhrten Nebenblättern. Der kurze Stengel trägt die auffallend rosaroten oder weißen, rot geäderten Blüten. Blüht von Juni bis August. – **Standort:** Selten auf sonnigen Felsbändern und in Spalten, Geröllhalden, auf Dolomitgestein. Das Dolomiten-Fingerkraut ist eine Zierde der Südlichen Kalkalpen. Auf den höchsten Zinnen wächst es aus oft nur millimeterbreiten Spalten heraus und überzieht die steilen Felswände wie ein dicker, silbergrauer Teppich. Das lebensnotwendige Wasser bezieht es aus der Tiefe der Spalten, in die es mit einem unwahrscheinlich feinzerteilten Wurzelnetz eindringt: Ein einziges Fingerkraut kann ein Wurzeltuch von zehn Quadratmeter Größe zustande bringen! Zwischen 1700 und 3100 m. – **Verbreitung:** Südalpen; auch im Apennin. – **Volksnamen:** Silberklee, Silberraute.

Gold-Fingerkraut

Potentilla aurea Torner

Merkmale: Ausdauerndes, 4–35 cm hohes Rosengewächs, das an seinen gefingerten Blättern als Fingerkraut zu erkennen ist – eine Gattung, die mit zahlreichen Arten im Tiefland auftritt und hier sonnig-warme Lagen bevorzugt. Aus einem dicken, kräftigen Wurzelstock treiben zahlreiche, aufsteigende, wenig behaarte Stengel, die nur spärlich mit Blüten besetzt sind. Die grundständigen Blätter sind meist fünfzählig, die Teilblättchen länglich oval, unterseits und am Rande glänzend seidenhaarig. Die schüsselförmigen Blüten sind von einem satten Goldgelb, am Grunde der Kronblätter stehen leuchtend orangefarbene Saftmale. Sie werden von den verschiedensten Insekten besucht, aber auch Selbstbestäubung kommt vor. – **Standort:** Das Gold-Fingerkraut wächst häufig auf mageren Wiesen und steinigen Matten, zumeist auf kalkarmer Unterlage. Auf kurzrasigen, sonnigen Weiden, besonders in der Milchrautweide, ist es eine gerne gefressene Futterpflanze. Es bevorzugt kalkfreie, humose Lehmböden, ist aber auch auf anderen Böden anzutreffen. Oft wächst es im Krummseggenrasen und Borstgrasrasen, deren eintönige Flächen es mit seinen sattgelben Blütenschälchen ziert. Wir können es aber ebenso in den meisten anderen alpinen Rasen und Matten, im Gletscherweidenspalier, im Alpenrosengestrüpp und sogar im Schatten der Grünerlenbestände finden. Auf solchen schattigen Standorten verliert es den charakteristischen silberhaarigen Rand der Blättchen fast vollständig. Von den Voralpen steigt es bis weit in die Nivalstufe hinauf und umspannt derart einen Höhenunterschied zwischen 1300 und 2700 m. – **Verbreitung:** Außer in den Alpen auch noch in den Gebirgen Nordspaniens, der Pyrenäen und des Jura, im Schwarzwald, den Sudeten, Karpaten, im Apennin, auf der Balkanhalbinsel, in Kleinasien. Eine vikariierende Art (vgl. S. 50) zum kalkmeidenden Gold-Fingerkraut ist das ähnliche, jedoch derbere und abstehend behaarte Crantz-Fingerkraut, *Potentilla crantzii,* das kalkhaltige Unterlagen bevorzugt. – **Volksnamen:** Fingerkrautwurz, Goldwurzel, Silberkraut. –

Das Gold-Fingerkraut ist eine bewährte Heilpflanze. Es gilt in der Volksheilkunde vor allem als kräftiges Kraut gegen Zuckerkrankheit. Dazu wird es als Teeaufguß verwendet. Auch als krampflösendes Mittel, nicht nur im Magen- und Darmtrakt, sondern auch bei Muskelkrämpfen wird es empfohlen. Es enthält vor allem Gerbsäure, Glykoside, Tormentol, ätherische Öle, Gummi, Stärke und Harz.

Langsporniges Stiefmütterchen

Viola calcarata L.

Merkmale: 4–6 cm hohes Veilchengewächs *(Violaceae)* mit kriechenden Stämmchen und wechselständigen, ovalen, gekerbten Blättern. Die Blüten sind auffallend groß (3 cm im Durchmesser), dunkelviolett bis blau, selten gelb oder bunt. Der Sporn ist so lang wie die Kronblätter. Während die meisten Veilchen Bienenblumen sind, hat sich diese alpine Art dem Falterreichtum des Gebietes angepaßt und wird von Schmetterlingen bestäubt. Darauf weisen der ganz enge Blüteneingang und der lange dünne Sporn hin. Besonders der Taubenschwanz sucht in großer Schnelligkeit ihre Blüten ab. Blüht von Juni bis August. – **Standort:** Ziemlich häufig auf Felsschutt und steinigen Weiden. Mit seinen bis zu 40 cm langen, unterirdischen Ausläufern durchspinnt es den Schutt und streckt an deren Enden büschelweise die rundlichen Blätter und die sammetblauen Blüten heraus. Als typischer Schuttwanderer ist es dem beweglichen Standort ausgezeichnet angepaßt. Die Laubblattstengel wachsen unbegrenzt weiter und, obwohl anfangs sehr zerbrechlich, verholzen sie später und werden dadurch widerstandsfähig gegen das nachrutschende Geröll. Gern in der Gesellschaft der Blaugrashalden und der Täschelkrautfluren; 1600–3000 m. – **Verbreitung:** Alpen, vor allem Westalpen und Südjura. Andere Unterarten im Apennin; verwandte Arten in den übrigen südeuropäischen Gebirgen und bis nach Ostasien. – **Volksnamen:** Alpenstiefmütterl, Bergvijeli, Bergviönli, Lilie.

Zweiblütiges Veilchen ⚠

Viola biflora L.

Merkmale: Zarte, 8–12 cm hohe Pflanze mit nierenförmigen Blättern und ovalen Nebenblättern. Blüten meist zwei (Name!), gelb, am Grunde braun gestreift, mit kurzem Sporn. Blüht von Mai bis August. – **Standort:** Das Zweiblütige Veilchen ist feuchtigkeitsliebend und windschutzbedürftig. Wir finden es deshalb überall in schattiger, geschützter Lage – im Bergwald ebenso wie in feuchten Schluchten, im wasserzügigen Geröll wie im Grünerlengebüsch oder unter Latschen, in Hochstaudenfluren und Kalkspaltengesellschaften. Von den Tallagen bis auf 3000 m. – **Verbreitung:** Alpen, Pyrenäen, Südjura, Sudeten, Karpaten; Italien, Balkanhalbinsel; Kaukasus, asiatische Gebirge bis Japan; allgemein nördliches Eurasien und Nordamerika. – **Volksnamen:** Almveigli, Bergviönli, Gälbs Viseli, Spitzes Stiefmieterli.

Alpen-Stiefmütterchen

Viola alpina Jacq.

Merkmale: Ein weiteres Veilchen, das aus einem kräftigen, oft verzweigten Erdstock eine Rosette von grundständigen, gestielten Blättern treibt, die von ovaler Form und stumpf gekerbt sind. Auch die Blütenstiele sind grundständig, 2–5 cm lang und tragen die große, lebhaft blaue bis tiefviolette Blüte mit den hellgelben Saftmalen – den »Wegweisern« für die Blütenbesucher zum Nektar. – **Standort:** Eines der relativ wenigen Veilchen der alpinen Hochlagen – gegenüber den zahlreichen, voneinander oft schwer zu unterscheidenden Veilchen der Tieflagen. Nicht häufig auf Magerwiesen und Abwitterungshalden, meist oberhalb der Baumgrenze in der höheren Krummholzstufe zwischen 1600 und 2200 m. Nur auf Kalk (Kalkzeiger). – **Verbreitung:** Ostalpen, so auf den Wiener Hausbergen Schneeberg und Raxalpe – daher auch der Name »Ostalpen-Veilchen«. Außer von den Ostalpen wird es noch aus den Karpaten, der Tatra und Siebenbürgen angegeben. Erstaunlicherweise wurde die auffallend hübsche Pflanze erst sehr spät, im Jahre 1762, von dem Wiener Botaniker, Nikolaus von Jacquin, dem Begründer des Botanischen Gartens in Wien, entdeckt und beschrieben. Das Alpen-Stiefmütterchen ist eine Reliktpflanze, die in den Ostalpen nur dort vorkommt, wo diese während der Eiszeit auf größeren Strecken nicht vergletschert waren. Dieses nordostalpine Rand-Rückzugsgebiet ist daher ähnlich artenreich wie analoge Räume in den Südostalpen, im ganzen Südalpenzug und besonders in den Westalpen. Die zentralen Rückzugsgebiete der Alpen – schneefreie, steile Grate, Kämme und Gipfel oberhalb des ewigen Eises (auch der Eiszeiten) – sind wohl von ähnlicher Bedeutung für das Überdauern mancher interessanter Alpenpflanzen während der Eiszeiten; sie sind jedoch den größerflächigen Rand-Rückzugsgebieten gegenüber naturgemäß weitaus artenärmer. Die Veilchengewächse sind in ihrer Gesamtheit eine Familie von tropischer Hauptverbreitung, vorwiegend in den Gebirgen Süd- und Mittelamerikas, die dort selbst Holzgewächse, Bäume und Sträucher, hervorbringt. Die Gattung *Viola* ist zudem in der nördlich-gemäßigten Zone verbreitet. Unsere mitteleuropäischen Veilchen sind sämtlich Stauden oder Kräuter.

Alpen-Mannstreu ▲

Eryngium alpinum L.

Merkmale: Prächtiger, ausdauernder, distelähnlicher Doldenblütler *(Apiaceae)*, bei dem aus einer rübenförmigen, sehr tiefgehenden Grundachse der 30–40 cm hohe, ein- bis mehrköpfige, kahle Stengel entspringt. Grundblätter langgestielt, oval-dreieckig, gezähnt, langgrannig, obere Blätter dreilappig bis handförmig gelappt. Der Blütenstand ist eine dicht mit amethystblauen Blüten besetzte, kolbenförmige Dolde, die von einer gleichfalls amethystblauen Halskrause aus stacheligen Hochblättern umgeben ist. Diese feingezackten Hüllblätter öffnen sich mit Sonnenaufgang und schließen sich bei Sonnenuntergang und kühler Witterung. Blüht von Juli bis September. – **Standort:** Der Alpen-Mannstreu wächst selten in sonnigen Hochstaudenfluren und Karen auf kalkreichem Gestein, auch in Wildheuplanggen und lichtem Latschengebüsch. – **Verbreitung:** Über den ganzen Alpenbogen von der Provence bis Kroatien und auf den Illyrischen Gebirgen verbreitet, mit Schwerpunkt im Westen. Überall aber nur sehr zerstreut. Sie fehlt den Zentralalpen und östlichen Nordalpen. – **Volksnamen:** Anhaken, Dornchrut, Mattscharte. – Die attraktive Pflanze – ein Doldengewächs im Gewand der Distel, man nennt sie auch Alpen-Donarsdistel – wird in Bauerngärten und auf Friedhöfen oft gepflanzt, manchmal in einer luxurierenden Variante mit abnorm verlängerten Spreublättern, die dem Blütenkopf die Gestalt einer lockeren Strahlenkugel geben. Die Pflanze läßt sich durch Samen und Wurzelstecklinge leicht vermehren. In Deutschland ist die Art schon seit dem Jahre 1560 in Kultur. Dem Alpen-Mannstreu wird in den Alpen in gleicher Weise wie am Meer der ähnlich stahlblau gefärbten Stranddistel *(Eryngium amethystinum)* nachgestellt. Dadurch ist die ohnedies seltene Art – die »Blaue Blume« der südlichen Alpen – bedenklich bedroht!

Steinröschen ▲

Daphne cneorum L.

Merkmale: Niedriger, 10–40 cm hoher, locker verzweigter Zwergstrauch aus der Familie der Seidelbastgewächse *(Thymelaeaceae)* mit geraden, weichhaarigen, beblätterten Ästen. Die dunkelgrünen Blätter sind oval, ledrig, kahl; die hochroten, selten weißen Blüten sitzen in endständigen, kurzfilzigen Blütenständen und duften betäubend nach Nelken. Die Frucht ist eine ledrige, trockene, rötliche Beere, die von Ameisen verbreitet wird, welche sie schon zu Beginn der Reife in ihre Nester schleppen. Blüht je nach Höhenlage von Ende April bis Anfang Juli. – **Standort:** Das Steinröschen wächst meist gruppen- oder herdenweise auf trockenen, steinigen, kalkhaltigen Böden. Auf sonnigen Hängen, in lichten Wäldern und Gebüschen, auf Bergmatten und trockenen Weiden. Von der Ebene bis auf 2000 m ansteigend. – **Verbreitung:** Alpen; von Norspanien durch das mitteleuropäische Bergland bis Siebenbürgen und die Illyrischen Gebirge. – **Volksnamen:** Heideröschen, Steinröschen, Waldröserl, Haidarösla, Ägetle, Mairösli, Reckholderla, Fluerösli, Fluenägeli.

Zwerg-Alpenrose

Rhodothamnus chamaecistus (L.) Rchb.

Merkmale: Heidekrautgewächs (*Ericaceae*). Zierliches, 10–25 cm hohes Sträuchlein mit höchstens bleistiftstarkem, verzweigtem Stämmchen, das sich spalierartig dem Boden anschmiegt. Die drüsig behaarten Zweige streben nach oben. Die Blätter sind klein, schmal elliptisch, ledrig-immergrün und fein bewimpert. Die großen, radförmigen Blüten stehen meist zu zweit oder zu dritt auf langen, stark drüsigen Stielen. Diese duftigen, pfirsichrosafarbenen Blüten mit den dunklen Staubgefäßen gehören zu den schönsten Blumen der Alpen. Blüht von Mai bis Juni. – **Standort:** Nicht häufig, aber stellenweise gesellig auf sonnigen Felsheiden und Geröllfluren, an Felsbändern und in Lücken von Latschenbeständen, auf Kalk- oder besonders Dolomitgestein. In Kalkspaltengesellschaften, Latschen- und Alpenrosengestrüpp; 1000–2400 m. – **Verbreitung:** Die Zwergalpenrose ist ausschließlich auf die Ostalpen beschränkt. Einzige Art ihrer Gattung (mit den beiden *Rhododendron*-Arten ist sie nicht unmittelbar verwandt); von hohem Alter und heute systematisch völlig isoliert. – **Volksnamen:** Zwergröserl, Stoaröserl, Wilde Myrthe, Gamszermatt, Sennaröserl.

Rostblättrige Alpenrose ⚠

Rhododendron ferrugineum L.

Merkmal: Heidekrautgewächs. Bis 1 m hoher, verholzter Strauch mit ledrigen, immergrünen Blättern von schmal-ovaler Form, am Rande umgerollt, nicht bewimpert, oberseits dunkelgrün, unterseits mit rundlichen, rostbraunen Drüsenschuppen. Blütezeit je nach Höhenlage von Juni bis Ende August. – **Standort:** Häufig als Unterwuchs der Zirben- und Latschenwälder, aber auch über diese hinausgehend und zusammen mit Heidelbeere, Preiselbeere und Krähenbeere zu niedrigen Zwergstrauchheiden vereinigt. Beide Alpenrosen sind zähe Humuspioniere und bilden oft große, zusammenhängende Gestrüppe, von 1500 m bis auf 2400 m. Unabhängig von der Höhenlage benötigen sie jedoch immer eine schützende Schneedecke. Die Rostalpenrose finden wir auf sauren, kalkarmen und ausgelaugten Böden, die Wimperalpenrose hingegen stets auf Kalkgestein. – **Verbreitung:** Kommt in den Alpen, den Pyrenäen, im Jura, Apennin, in Illyrien vor. – **Volksnamen:** Echte Alpenrose, Rostzetten. – In der Homöopathie werden die Blätter der Rostalpenrose gegen Rheumatismus, Gicht und Neuralgien verwendet.

Bewimperte Alpenrose ⚠

Rhododendron hirsutum L.

Merkmale: Immergrüne, ovale Blätter beiderseits lebhaft grün, am Rande etwas gekerbt und von langen Haaren bewimpert. Die rosa bis hellroten Blütenglocken stehen in dichten Doldentrauben. Duftend! Blütezeit nach Höhenlage verschieden von Juni bis August, im allgemeinen etwas früher als die Rostalpenrose. – **Standort:** In lichten Föhrenwäldern und schütteren Latschenbeständen, auf milden, basischen Kalkverwitterungsböden, Kalkschutt und Geröll, steinigen Hängen und Felsbändern; 1200–2300 m. – **Verbreitung:** Nur Ostalpen und Illyrische Gebirge. – **Volksnamen:** Jochrosen, Steinrosen, Melcherrosen, Neblrosen, Schinderlatschen, Zetten, Loderbüsch, Donnerrosen, Donnerbuschen, Almrausch, Rauschkraut, Lökerrösel, Buxbaum, Almbux, Wilder Bux, Kaswasserrosen, Oswaldstauden, Hühnerstude, Hühnerbluest. Nach einem weit verbreiteten Aberglauben der Älpler soll der Almrausch den Blitz anziehen. So sei es gefährlich, sich bei Gewitter im Almrosengebüsch aufzuhalten oder gar einen Almrosenstrauß in der Hand zu tragen. Selbst ein Haus, in dem sich Almrausch befindet, sei durch Blitzschlag gefährdet (»Donnerrosen«).

Schneeheide △

Erica carnea L.

Merkmale: Heidekrautgewächs, auch Frühlingsheide genannt. Niedriger Zwergstrauch mit stark verästelten Zweigen und nadelförmigen, immergrünen, dunkelgrünen Blättern, die in Wirteln um den Stengel stehen. Die krugförmigen, fleischfarbenen Blüten stehen in endständigen Trauben. Die Blütenknospen werden schon im Herbst angelegt und öffnen sich an geschützten, sonnigen Stellen manchmal schon mitten im Winter. Die Hauptblütezeit ist dann von März bis Juni. Die frühe Blütezeit macht die Schneeheide zu einer wichtigen Bienenpflanze; in höheren Lagen wird sie von Faltern bestäubt. Mitunter durchbeißen Hummeln die Blumenkrone und gelangen derart auf kurzem Wege zum begehrten Nektar. Die Frühlingsheide wird oft mit der verwandten herbstblühenden Besenheide, *Calluna vulgaris* (Heidekraut), verwechselt, die jedoch durch schuppenförmige Blätter und kleinere, lilafarbene Blüten gut von ihr unterschieden und an kalkarme, saure Böden gebunden ist. Im Volksmund werden beide Arten fälschlich »Erika« genannt. – **Standort:** Die Schneeheide bildet auf warmen, schütter bewaldeten Hängen, in lichten Föhren- und Latschenwäldern oft dichte Bestände. Sie bevorzugt kalkreiche, flachgründige Böden zwischen 800 und 2700 m, und steigt in Flußtälern auch tiefer. – **Verbreitung:** Häufig und bestandsbildend in den Alpen und Voralpen; Tatra; Apennin, Illyrische Gebirge. Die tropisch-tertiäre Abkunft dieser Art erweist sich aus der vorjährigen Anlage der Blüten und deren Überwinterung ohne jeden Knospenschutz, aus dem immergrünen Laub und der Zwergstrauchnatur der Pflanze – Eigenschaften, welche den ureigensten Arten des mitteleuropäischen Laubwaldes fremd sind. Das Ursprungszentrum der Gattung reicht vom östlichen Mittelmeer bis ins tropische Ostafrika; das heutige Entfaltungszentrum liegt in Südafrika mit rund 500 Arten, von denen nur eine einzige – unsere Frühlingsheide – das engere Mitteleuropa erreicht. – **Volksnamen:** Roter Hoadach, Rote Grampen, Hoazötta, Sendl, Sennerer, Kraß, Zermat, Riblehard, Brüsch. –

In der Volksheilkunde werden beide Heidekrautarten als Naturheilmittel gegen Rheumatismus, Blasen- und Nierenleiden, Rachitis, Hautausschläge und Exzeme verwendet. Das blühende Kraut enthält an wirksamen Stoffen Fumarinsäure, Gerbsäure, Zitronensäure, Ericolin, Karotin und Mineralstoffe.

Echte Bärentraube

Arctostaphylos uva-ursi (L.) Spreng

Merkmale: Immergrünes Heidekrautgewächs, dessen holzige Spaliersträucher große zusammenhängende Teppiche bilden. Von einem kurzen, dicken Stämmchen gehen bis zu 1 m lange, niederliegende Äste aus, die mit ihrem Zweigwerk oftmals im Boden wieder einwurzeln. Die dikken, ledrigen Blättchen sind verkehrt eiförmig und ähneln denen der Preiselbeere zum Verwechseln, nur fehlen ihnen an der Unterseite deren dunkle Drüsenpunkte. Die Blüten stehen in kleinen, überhängenden Trauben an den Enden der Zweige. Die glockige Krone ist weiß bis rötlich überhaucht, wie aus Wachs geformt und am Grunde von den dunkelroten Kelchblättern eingefaßt. Der Nektar wird von einer Drüsenscheibe am Grunde der Blüte abgesondert, sein Herausfließen aus der hängenden Blüte verhindern die nach unten zu verdickten Staubfäden. Als Bestäuber kommen Bienen und Hummeln in Betracht, die ihre Rüssel buchstäblich in die enge Blütenöffnung einfädeln müssen, um zu der um diese Jahreszeit besonders begehrten Nahrungsquelle zu gelangen. Dabei wird ihr Rüssel von den Staubbeuteln mit Pollen überpudert, den sie bei der nächsten Blüte an der klebrigen Narbe abstreifen. Selbstbestäubung ist nicht wahrscheinlich. Die Frucht ist eine mehlige Steinfrucht, die sich im Herbst intensiv rot färbt und dabei zu den immergrünen Blättern prächtig kontrastiert. Sie lockt damit beerenfressende Vögel (besonders Steinhühner) an, die sie mit ihren Exkrementen weithin verbreiten. Die Echte Bärentraube gehört zu den alpinen Frühlingsboten und blüht bald nach der Schneeschmelze von März bis April. Ihre kleinen Stämmchen können bis zu 60 Jahre alt werden, sie wachsen sehr langsam und zeigen eine Jahresringbreite von oft nur 0,05 mm. – **Standort:** Sie ist ziemlich schneeschutzbedürftig und wächst in lichten, trockenen Föhren-, Lärchen- und Zirbenwäldern, im Wacholdergestrüpp und im Legföhrengebüsch, in Zwergstrauchheiden und in geschützten Felsnischen. Oft auch ein Bestandteil der Geröll- und Felsenheiden auf sonnigen, trockenen Halden. Von der Ebene bis auf 2700 m. – **Verbreitung:** Fast ganz Europa, nördliches Asien und Amerika. Hauptentwicklungsherd der Gattung ist Kalifornien, nur zwei Arten sind außerhalb Nordamerikas verbreitet: die Echte Bärentraube und die Alpen-Bärentraube. Letztere ist sommergrün und zeichnet sich durch eine besonders schöne, rubinrote Herbstfärbung ihres Laubwerkes aus. – **Volksnamen:** Rauschgranten, Stanbeer, Mehlgranten, Wolfsbeer, Totenmyrte, Harnkraut, Blasenkraut. –
Die Blätter der immergrünen Bärentraube sind offizinell und ein Hauptbestandteil jedes Nieren- und Blasentees. Altnordische Heilpflanze.

Alpenveilchen ⚠

Cyclamen purpurascens Mill.

Merkmale: Giftiges Primelgewächs *(Primulaceae)*, dem man die Zugehörigkeit zu dieser Familie auf den ersten Blick nicht ansehen würde. Mit kugelig abgeflachter Knolle (»Erdscheibe«, »Erdbrot«), die gerne von Schweinen (und zwar Haus- wie Wildscheinen) gefressen wird, und mit charakteristischen, grundständigen, immergrünen Blättern, die oberseits silbern gefleckt, unterseits weinrot gefärbt sind. Die langgestielten Blüten sind von einem warmen Karminrot (zyklamenfarbig!), mit zurückgeschlagenen Kronblättern und stark duftend. Nach der Blüte rollen sich die Fruchtstiele zu einer Spirale zusammen, bringen dadurch die Früchte in Bodennähe und bohren sie schließlich in den Boden ein. Die Samen werden von Ameisen verbreitet, welche sie weithin verschleppen. Die Zyklame blüht spät, vom Juli bis Oktober. – **Standort:** Nicht häufig in lichten Bergwäldern auf Kalk, auf lockeren, humosen Böden und in geschützter Lage (wärmeliebend). Im Halbschatten lichter Eichen- und Buchenwälder, über Fichtenwälder bis in die Latschenregion aufsteigend; von der Ebene bis auf 2000 m. – **Verbreitung:** In den Nördlichen und Südlichen Kalkalpen, Voralpen; Jura, Illyrische Gebirge, Mittelungarn, Karpaten, bis Transkaukasien. Aus einem mediterranen Verwandtschaftskreis (im Mittelmeergebiet mit 20 Arten dieser Gattung!) – **Volksnamen:** Bischofskappel, Pfaffenkappel, Scheiblkraut, Studentenrösle, Turkalan, Hasenrübe, Hasenbliemli. Der Name »Alpenveilchen« ist eigentlich irreführend, da es sich keineswegs um ein Veilchen, sondern um eine Primelverwandte handelt. –

Einst offizinell und als Volksheilmittel gegen Frauenleiden verwendet. Die leuchtende Blütenfarbe, zusammen mit dem intensiven Wohlgeruch, verleitet immer wieder unüberlegte Wanderer zum Abpflücken dieser schönen Pflanze, obwohl allgemein bekannt ist, daß sie geschützt ist. In Fremdenverkehrszentren ist sie deshalb schon betrüblich selten geworden.

Drüsige Schlüsselblume ⚠

Primula hirsuta All.

Merkmale: Ein Beispiel für etliche rötlich bis blau blühende alpine Primeln. Sie wird 2–7 cm hoch und ist dicht mit stark klebrigen Drüsenhaaren besetzt, an denen sogar kleine Sandkörnchen haften bleiben. Die leicht fleischigen, grob gezähnten Blätter stehen in einer grundständigen Rosette. Der Blütenschaft trägt die meist mehr- bis vielblütige Blütendolde. Die Einzelblüten sind radförmig, mit langer Kronröhre, rosa bis hellviolett mit weißem Kronenschlund, zart duftend. Blütezeit vom ersten Bergfrühling an (Primel kommt ja von lat. »primus«: der Erste), von April bis in den Juni hinein. – **Standort:** Meist herdenweise an steinigen, felsigen Orten, in Spalten und Schründen, auf Graten und Felsbändern, immer auf kalkarmem Gestein. In der Silikatspaltengesellschaft zwischen 1500 und 3600 m. Alle alpinen Primeln stammen von tertiären Tieflandsformen ab. Es ist auffallend, daß die Primeln der Ebene fast alle gelb blühen, die Hochgebirgsformen jedoch meist rot bis blau – möglicherweise eine Anpassung an die Bestäuber. – **Verbreitung:** Zentral- und Südalpen, Pyrenäen. – **Volksnamen:** Schrofenrösl, Flueblum, Fluerose.

Alpen-Aurikel ▲

Primula auricula L.

Merkmale: Die stattlichste und schönste der alpinen Primeln, die bis zu 25 cm hoch werden kann. Ihre fleischigen, graugrünen, knorpeligen Blätter sind mit einem feinen Mehlstaub bedeckt und schließen zu einer Rosette zusammen. Der Blütenschaft trägt 4–12 goldgelbe duftende Blüten. Blütezeit: April bis Juni. – **Standort:** Mit Vorliebe in Kalkfelsspalten und Schrunden, auf Felsbändern und im Kalkschutt. Vikariierend (vgl. S. 50) zur Behaarten Primel, *Primula hirsuta,* des kalkarmen Gesteins. Während der Eiszeit hat sie Zuflucht in tieferen, geschützten Lagen gefunden und ist an einigen Reliktstandorten noch erhalten geblieben, in schattigen Klausen und Schluchten der Flußtäler. Von 1600 bis 2500 m, auf Reliktstandorten auch herab bis in 300 m Höhe. – **Verbreitung:** Nördliche und Südliche Kalkalpen; Nordjura, Schwarzwald; Apennin, Illyrische Gebirge, Karpaten. Entstehung und Entwicklungszentrum in den mitteleuropäischen Hochgebirgen. – **Volksnamen:** Petergstamm, Platenigl, Gelber Speik, Gamsvögerl, Stosbleamal, Schrofenbleamal, Kofelrose.

Wimper-Mannsschild △

Androsace chamaejasme Wulf.

Merkmale: Winziges, 2–4 cm hohe Primelgewächs, das lockere Rasen bildet. Blätter lanzettlich schmal, zu einer ausgebreiteten, bewimperten Rosette vereinigt. Der flaumige Blütenschaft trägt die gleichfalls flaumig behaarte Blütendolde. Die kleinen Blüten sind weiß oder zartrosa überhaucht, mit gelbem Schlund. Blüht von Juni bis August. – **Standort:** Der Wimper-Mannsschild wächst auf steinigen Wiesen und trockenen Weiden, auf Windecken und Graten in der Gesellschaft der Blaugrashalden, Silberwurzteppiche, Nacktriedtriften und Polsterseggenrasen, zwischen 1600 und 3000 m. Kalkzeiger. – **Verbreitung:** Europäische Hochgebirge von den Pyrenäen bis zu den Karpaten. Nahe verwandt mit der Gattung *Primula* und mit gemeinsamer ostasiatischer Wurzel. Die Gattung zeigt in allen Gebirgen eine Neigung zur Erzeugung extremer Hochgebirgsformen (bis zu klassischen Vollkugelpolstern). Sie umfaßt insgesamt gegen 100 Arten.

Alpen-Mannsschild △

Androsace alpina (L.) Lam.

Merkmale: Gleichfalls sehr kleines, 2–5 cm hohes, lockerrasiges Primelgewächs, dessen zahlreiche, bodennah verzweigten Seitentriebe zu blütenübersäten Flachpolstern zusammenschließen, die, wenig gewölbt, dem Boden dicht aufliegen. Die verholzenden Ästchen tragen nur an den Triebenden schopfig gehäufte, kurzhaarige Blättchen, die grün überwintern und die stets fortwachsende Endknopse schützen. Die rosaroten oder auch weißen Blüten mit gelbem Schlund stehen einzeln und deutlich gestielt in den Achseln. Blüht im Juli und August. – **Standort:** Die Pflanze bewohnt kalkarmen Gesteinsschutt, sowohl rieselnde Schutthalden als auch ruhenden Felsschutt, Geröll am Rande von Gletschern und lange mit Schnee bedeckte Moränenböden. So klein und zart wie sie ist, wagt sie sich doch bis auf 4200 m hinauf, ist also ein ausgesprochener Gipfelstürmer und typischer Bewohner der Nivalstufe, in der die Eiszeit heute noch andauert. – **Verbreitung:** Nur in den Alpen und innerhalb dieser nur auf die zentralen Ketten beschränkt.

Echtes Alpenglöckchen

Soldanella alpina L.

Merkmale: Ein Primelgewächs, dem man die Zugehörigkeit zu dieser Familie nicht ansehen würde. Das Echte Alpenglöckchen ist ein zierliches, 5–15 cm hohes Pflänzchen mit grundständigen, rundlich nierenförmigen Blättern, deren ledrige Beschaffenheit gegen übergroße Verdunstung schützt. Auf blattlosem Stengel sitzen 1–3 veilchenblau-violette, trichterförmige Glöckchen, deren Saum bis zur Mitte gefranst ist. Im Inneren der Blüte, die vom Griffel überragt wird, befinden sich 5 Schlundschuppen. Oft beginnen Alpenglöckchen schon unter dem Schnee zu blühen und heben mit ihren zarten Blüten den letzten Rest des körnigen Schnees hoch. Sie gehören zur typischen Flora des schmelzenden Schnees, blühen deshalb nach Höhenlage verschieden von April bis Juni. Außer dem Echten Alpenglöckchen können wir noch einige andere Alpenglöckchen finden, die teilweise noch wesentlich kleiner sind und schwer voneinander zu unterscheiden sind.– **Standort:** Feuchte Weiden und Schneetälchen auf kalkreichem Untergrund. Es wächst aber auch im Gletscherweidenspalier und selbst in lichten Bergwäldern zwischen 1200 und 2800 m. Subalpine bis alpine Höhenstufe. An die lange Schneebedeckung ist es mit seinen immergrünen Blättern, die gleich nach dem Ausapern zu assimilieren beginnen, und seinen schon im Vorjahr vorgebildeten Blüten hervorragend angepaßt. – **Verbreitung:** Das Echte Alpenglöckchen ist in allen europäischen Gebirgen von den Pyrenäen über Jura, Schwarzwald, Alpen, Apennin bis in die Illyrischen Gebirge weit verbreitet. Soldanellen sind aus tertiären Waldprimeln hervorgegangen und haben sich im Zuge der Hebung der Gebirge allmählich an das veränderte Klima angepaßt. Speziell das Echte Alpenglöckchen konnte wegen seiner Unempfindlichkeit gegen Höhenunterschiede (900–3000 m) die Eiszeit am besten überstehen. Die Gattung umfaßt insgesamt sieben Arten, darunter die »Eisglöckchen«, mit tubenförmiger Blumenkronröhre – charakteristische Elemente der spät im Jahre abschmelzenden Schneeränder, die einander als geographische Vikaristen (vgl. S. 50) zwischen den kristallinen Zentralketten und den basischen Rand-Kalkalpen vertreten, bzw. innerhalb dieser zwischen Nördlichen und Südlichen Kalkalpen. – **Volksnamen:** Wie alle auffallenden Pflanzen hat es viele Volksnamen, die sich meistens auf seine Glöckchengestalt, seine Blüte und auf die Blütezeit zur Schneeschmelze beziehen: Almglöckel, Eisglöckchen, Blaus Schneeglöckel, Schneenagele, Antoniusglöcklan, Roßgleggli, Geißegleggli.

Alpen-Grasnelke

Armeria alpina (DC.) Willd.

Merkmale: Rosettenstaude, die mit einer kräftigen, senkrechten Pfahlwurzel und einem verholzten Erdstock im Boden verankert ist. Die Blätter sind sehr schmal, grasartig, kahl, von drei Längsnerven durchzogen, am Grunde leicht bewimpert. Der Blütenschaft ist blattlos und trägt die endständigen, hellrosa bis karminroten Blütenköpfe, die am Grunde von trockenhäutigen, bräunlichen Hüllblättern umgeben sind. Gleichfalls bräunliche Hochblätter umschließen, zu einer Blattscheide verwachsen, kragenartig den obersten Teil des Blütenstengels und schützen dessen heranwachsendes, noch ungefestigt-zartes Gewebe. Die Grasnelke ist das Musterbeispiel eines »Winterstehers«, dessen Samen erst verbreitet werden, wenn der Wintersturm die Fruchtstengel durchbeutelt, die über die Schneedecke herausragen: In den Rätisch-Lepontinischen Alpen der Schweiz sind 21% der Arten der Nivalflora derartige Wintersteher. Der deutsche Name »Grasnelke« ist insofern irreführend, als sie weder mit einem Gras, noch mit einer Nelke verwandt ist, sondern zu den fremdartigen Bleiwurzgewächsen *(Plumbaginaceae)* gehört. (Auf dem Bild zusammen mit dem Dolomiten-Fingerkraut, *Potentilla nitida,* s. S. 72, abgebildet.) Blüht von Mai bis Oktober. – **Standort:** Ziemlich variabel in ihren Ansprüchen. Sie kommt sowohl auf nacktem Schutt, als auch in trockenen bis feuchten Magerwiesen vor, über Dolomit, Kalk und kristallinem Schiefer. Häufig in der Gesellschaft des Horstseggenrasens von 1100 bis 3100 m. – **Verbreitung:** Die Alpen-Grasnelke gehört zu einer Sippe, die in den Alpen selbst entstanden ist und die Eiszeiten in den Randrefugien der Süd- und Ostalpen, sowie auf Nunatakker (vgl. S. 6) innerhalb der vergletscherten Gebiete überstanden hat. Dazu befähigte sie ihre Widerstandskraft gegen Frost ebenso wie ihre Vorliebe für steile Südhänge. Auch heute ist sie auf die Ost- und Südalpen beschränkt und fehlt auf weite Strecken in den Nordalpen. Sonstige Verbreitung: Pyrenäen, Ostkarpaten. Ein bemerkenswertes Tiefenvorkommen aus der Eiszeit am Bodensee. – **Volksnamen:** Schwundkraut, Zigeunerwurz, Zigeunerkraut, Rote Gamswurz, Tauernrösel, Goldrösel, Riednelke. Der südtiroler Name »Schlernhexe« bezieht sich wohl auf den Schopf borstiger Blätter, die an den Wuschelkopf von Hexen denken lassen.

Schlauch-Enzian ⚠

Gentiana utriculosa L.

Merkmale: Als erster Vertreter aus dem farbenprächtigen und großblumigen Geschlecht der Enziangewächse *(Gentianaceae)* hier genannt. Diese Familie umfaßt gegen 300 Arten, von denen etwa 30 Arten im Hochgebirge, oberhalb 1500 m, zu Hause sind. Alle Enziangewächse enthalten einen Bitterstoff, das Gentiopikrin, der ungiftig ist, die Pflanzen aber vor Schnecken und Weidevieh schützt. Gemeinsam sind ihnen ferner die meist gegenständigen, ungeteilten, granzrandigen Blätter mit vorwiegend parallelen Hauptnerven und die aus 4, meist 5 Kronblättern bestehende, verwachsene Blüte. Eine weitere Eigenart der Enziane sind ihre reizbaren Blüten, die sich bei Regen, Dunkelheit und Kälte schließen, bei Wärme und Sonnenlicht wieder öffnen. Der Aufgeblasene oder Schlauch-Enzian gehört zu einer Untergruppe, die sich durch besonders engröhrige Blüten mit kreisförmiger Narbe auszeichnet, die die Blumenkronröhre verschließt. Dieser Blütenbau stellt eine Anpassung an langrüsselige Falter dar. Die Blüte ist intensiv dunkelblau mit 5 radförmig ausgebreiteten Kronzipfeln. Charakteristisches Merkmal ist der bauchig aufgeblasene Kelch, der an den Kanten breit geflügelt ist. Gelegentlich kann man auch Exemplare mit doppelter und dreifacher Blumenkrone finden. Der Blasen-Enzian wird 5–30 cm hoch, sein dünner, oft verzweigter Stengel ist mit ovalen, kleinen Blättern besetzt. Er ist einjährig und geht nach dem Fruchten zugrunde. Diesen Nachteil macht er durch große Mengen seines winzig kleinen, leichten und flugfähigen Samens wett (ein Same wiegt nur 0,00015 g), der vom Bergwind weithin vertragen wird. Somit spielt der Wind, der den Alpenpflanzen durch Austrocknung, Verdunstung und Windschliff das Leben schwer macht, als Verbreiter ihrer Samen auch eine positive, die Pflanzen fördernde Rolle. Blütezeit von Mai bis August. – **Standort:** Nicht häufig auf torfigen und feuchten Wiesen, nassen Matten und Flachmooren, Heidewiesen und Geröllhalden von der Ebene bis über die Baumgrenze hinaus (2300 m). Süd- und mitteleuropäische Gebirgspflanze. – **Verbreitung:** Alpen; Apennin, Illyrische Gebirge, Balkan, Siebenbürgen.

Stengelloser Enzian ⚠

Gentiana clusii Perr. et Sang.

Merkmale: Niedriger, großblütiger Glocken-Enzian mit fast fehlendem Stengel. Die grundständigen Blätter sind oval-lanzettlich, die Stengelblätter klein und zugespitzt. Die weitglockige Blüte ist tief azurblau, später außen grünlich überlaufen, innen ohne grüne Flecken, 5–6 cm lang! Die Kelchzähne sind in den Buchten spitz, ohne weiße Verbindungshaut. Blütezeit von Mai bis August. Der Stengellose Enzian besteht fast nur aus der großen, leuchtend blauen Blütenglocke, die beinahe direkt am Boden aufsitzt. Er ist das klassische Beispiel der Alpenblume, bei der sich unter dem Einfluß des ultravioletten Lichtes Stengel und Blätter verkürzen, während die unverhältnismäßig große Blüte in leuchtender Farbe prangt. Eine nahe verwandte und sehr ähnliche Art ist der Koch'sche Enzian, *Gentiana kochiana,* des Kristallingesteins, der sich durch breitere Blätter und weiße Verbindungshaut zwischen den stumpfen Kelchzipfeln unterscheidet. Beide Arten wurden früher als »Stengelloser Enzian« zusammengefaßt. – **Standort:** Ziemlich verbreitet auf humosen, kalkreichen Böden, im Polsterseggenrasen und in Blaugrashalden. – **Verbreitung:** Alpen (in den Zentralketten selten), Alpenvorland Jura, Schwarzwald, Nord- und Ostkarpaten. – **Volksnamen:** Gloggn Almgloggn, Fingerhut, Guggerhandschin, Kukuhantsche, Guggerschu Schnöller, Pfotschge, Tuschn, Schwizer Höseli.

Frühlings-Enzian △

Gentiana verna L.

Merkmale: Ausdauernder, niederer, 3–12 cm hoher, kleinblütiger Enzian mit beblätterten, sterilen Trieben und sehr kurzem Blütenstengel. Die unteren Blätter sind rosettig gehäuft, oval-lanzettlich, spitz, die Blüten tiefblau bis himmelblau, mit enger Röhre und radförmig ausgebreiteten Kronenzipfeln, zwischen denen je ein zweizipfeliges, weißes Anhängsel eine Art Nebenkrone bildet. Der Kelch ist deutlich geflügelt. Der Enzian überwintert oft an Windecken mit grünen Blättern und Blütenknospen, die sich an sonnigen Föhntagen sogar öffnen können. Die Pflanze ist ein »Wintersteher«. Blüht gleich nach der Schneeschmelze bis in den August hinein. – **Standort:** Der Frühlingsenzian ist eine weit verbreitete Rasenpflanze, wir finden ihn in den verschiedensten Rasengesellschaften auf Magermatten, Weiden, Wildheuplanggen, Flachmooren und in Zwerg-

(Fortsetzung Seite 104)

Schwalbenwurz-Enzian △

Gentiana asclepiadea L.

Merkmale: Ausdauernder und hochwüchsiger Enzian, bei dem aus einer verholzten Grundachse mehrere aufsteigende oder überhängende, 20–80 cm hohe Stengel treiben. Die Stengel sind unverzweigt und dicht mit den oval-lanzettlichen Blättern und tiefblauen Blüten besetzt. Eigenartig ist die Stellung der Blätter bei diesem Enzian: Auf sonnigen Standorten stehen sie deutlich gekreuzt, im Schatten jedoch kammartig zweizeilig gescheitelt. Die Blüten sitzen einzeln oder bis zu dreien in den oberen Blattachseln. Die Blumenkrone ist keulig-glockig, außen azurblau, innen violett punktiert, mit helleren Streifen. Nicht selten kommen auch rein weiß blühende Stöcke vor. Die Blüten öffnen sich pünktlich am Vormittag zwischen acht und neun Uhr, um sich zwischen fünf und sechs Uhr abends wieder zu schließen. Als Bestäuber kommen Hummeln in Betracht, die manchmal den Nektar auch von außen rauben und dazu die Blumenkrone anbohren. In einem späteren Blühstadium kann auch Selbstbestäubung erfolgen. Blüht von August bis Oktober. – **Standort:** Der Schwalbenwurz-Enzian ist feuchtigkeitsliebend und kalkhold. Wir finden ihn in feuchten Wäldern und Auen, feuchten Wiesen und Weiden, Lichtungen und wasserzügigen Hängen auf kalkhältiger Unterlage. Er ist keine typische Hochgebirgsform, sondern eher eine Pflanze der Bergwaldstufe und der Voralpen, obwohl er auch bis in hochgelegene Karfluren steigen kann. Häufiger ist er im Grünerlengebüsch, auf Kahlschlägen, in Wiesenmooren und Pfeifengraswiesen. Von der Ebene steigt er bis auf 2000 m. – **Verbreitung:** Gebirge von Süd- und Mitteleuropa, Kaukasus. – **Volksnamen:** Göggelwurz, Blaue Kreuzwurz, Kerzenwurzen, Geiß-Leitere, Schelmwurz. –

Die Wurzeln des Schwalbenwurz-Enzians wurden früher als Radix Ascle piadeae medizinisch verwendet, doch enthalten sie weniger Bitterstoffe als die des Gelben Enzians.

---

strauchheiden, seltener in Schutt und Fels. Er ist kalkliebend und düngerfeindlich und reicht von den Tälern bis auf 3000 m. – **Verbreitung:** Alpen und Alpenvorland; spanische und französische Gebirge, Mittelgebirge, Großbritannien und Norwegen; Karpaten und Balkanhalbinsel, Kleinasien; asiatische Gebirge vom Kaukasus bis zur Mongolei. – **Volksnamen:** Himmelstern, Himmelsbleaml, Schusternagele, Krahschinkeln, Guggernagerl, Steinnägeli, Himmelsschlüsseli, Stifeli, Tintenblüemli, Himmelsblawi, Bläueli, Graggeschnabel.

Braun-Enzian ⚠ (Abb. oben links)

Gentiana pannonica Scop.

Merkmale: Ein hochwüchsiger Enzian mit 15–60 cm hohem Stengel und ovalen Blättern, von denen die unteren gestielt sind, die oberen sitzend und spitz. Der Kelch ist röhrig, mit 5–8 ungleich langen, oft schwarzrot überlaufenen, gekrümmten Zähnen. Die tief gespaltene Krone ist glockig, trübpurpurn mit schwärzlich-roten Punkten. Blüht von Juli bis September. – **Standort:** Wiesen und Matten, Karfluren, Blockhalden und Lägerfluren; im Borstgrasrasen, Hochstaudenfluren und Latschengebüsch. Kalkzeiger. – **Verbreitung:** Alpen (vor allem Ostalpen), Böhmerwald, Karpaten. Ähnlich ist der verwandte Purpurenzian, *Gentiana purpurea,* ein westlicher Vikarist (vgl. S. 50).

Tüpfel-Enzian ⚠ (Abb. oben rechts)

Gentiana punctata L.

Merkmal: Ebenfalls hochwüchsig mit 20–60 cm hohem Stengel. Blätter oval-länglich, zugespitzt, untere gestielt, obere sitzend. Kelch glockig mit 5 sehr ungleich langen Zipfeln. Blüten in den Blütenquirlen sitzend, glockenförmig, hellgelb mit dunkelvioletten Punkten (daher »Tüpfel-Enzian«). Blüht von Juli bis September. – **Standort:** In Weiden und Matten, Wildheuplanggen und Karfluren auf sauren, humosen Böden. Im Borstgras- und Krummseggenrasen, in Lägerfluren und im Alpenrosengestrüpp von 1400–3050 m. – **Verbreitung:** Alpen und Voralpen (fehlt in den östlichen Nordalpen), Karpaten, Balkanhalbinsel. – **Volksnamen:** Enzianwurzen, Edelwurz, Ansanga.

Gelber Enzian ⚠

Gentiana lutea L.

Merkmale: Noch ein hochwüchsiger Enzian mit 50–120 cm hohem Stengel. Blätter oval, bläulich-grün, kahl, deutlich gestielt; Blüten in üppigen Wirteln; Kelch blaßgelb, einseitig geschlitzt, Krone radförmig, goldgelb. Blüht von Juli bis August. – **Standort:** Steinige Weiden und ungedüngte Mähwiesen auf tiefgründigem, kalkreichem Boden. In Hochstaudenfluren, Grünerlengebüschen und Borstgrasmatten; 1000–2500 m. – **Verbreitung:** Alpen, Mitteleuropäische und Illyrische Gebirge, bis Kleinasien. –

Der Wurzelstock enthält zahlreiche Inhaltsstoffe. Er wurde früher sehr viel zu Heilzwecken und zur Erzeugung von Schnaps gegraben und ist dadurch eine eher seltene Pflanze geworden.

Kärntner Kuhtritt ▲

Wulfenia carinthiaca Jacq.

Merkmale: 20–40 cm hoher Rachenblütler *(Scrophulariaceae)* mit verkehrt eiförmigen, grob gesägten, dunkelgrün-glänzenden Rosettenblättern, die auch grün überwintern. Der Stengel ist aufrecht mit nur wenigen, schuppig reduzierten Blättern besetzt. Die sitzenden Blüten sind in einer endständigen, einseitswendigen Traube angeordnet. Die Blumenkrone ist von trüb-blauvioletter Farbe, mit bärtigem Grund. Bei Ausbleiben von Insektenbesuch können sich die Blüten auch selbst bestäuben. Blüht im Juli und August. – **Standort:** Meist herdenweise auf windgeschützten feuchten Matten und Weiden, im Alpenrosengebüsch zwischen 1400 und 1900 m, in einem Gebiet also, das zwischen dem geschlossenen Wald und der oberen Baumgrenze liegt und als »Kampfzone« des Waldes bezeichnet wird. Die Pflanze stellt hohe Ansprüche an den Niederschlagsreichtum, der im Gebiet über 3 m im Jahr beträgt, und an die Qualität des Bodens, der locker, neutral, feucht und wenig besiedelt sein muß. Hinsichtlich der Exposition ist sie auf nördliche, nordöstliche und nordwestlich geneigte Hänge beschränkt. – **Verbreitung:** Die *Wulfenia* ist die Nationalpflanze Kärntens: Sie wächst in den Alpen einzig und allein am Gartnerkofel im Ostteil der Karnischen Alpen. Das nächste Vorkommen ist erst wieder in Montenegro. Die ganze Gattung besteht aus nur vier Arten, von denen diese in Kärnten, eine zweite in Albanien, die dritte in Syrien und die vierte im Himalaja vorkommt. Man nimmt an, daß diese weltweite Verbreitung der Gattung auf das Tertiär zurückgeht und daß erst die Eiszeiten die auffallenden Lücken geschaffen haben. Sie ist ein klassisches Beispiel eines Elementes von hohem Alter und begrenzter Verbreitung. Ob unsere *Wulfenia* allerdings die Eiszeit an ihrem gegenwärtigen Fundort überdauert hat, erscheint zweifelhaft, da das Gebiet sehr wahrscheinlich vergletschert war und die Pflanze wohl erst nach dem Rückzug der Gletscher an ihre heutigen Standorte zugewandert ist. Sie gibt auch heute noch manche Rätsel auf, so daß ein umfangreiches Schrifttum über sie entstanden ist. Beispielsweise ist es unverständlich, warum sie sich trotz reichlicher Samenbildung absolut nicht weiter verbreitet – wenn man nicht als Ursache ihre ganz spezifischen Standortsansprüche gelten läßt. – **Volksnamen:** Die Namen Kuhtritt, Kühtritt oder Küahtritt beziehen sich auf die Samenverbreitung durch Kühe, zwischen deren Klauen die rundlichen, kaum flugfähigen Samen vertragen werden, während gleichzeitig durch den Betritt offene Bodenwunden entstehen, wo sie keimen können. Die bitteren Rosettenblätter werden vom Vieh nicht gefressen.

Alpen-Leinkraut

Linaria alpina (L.) Mill.

Merkmale: 2–10 cm hoher Rachenblütler mit niederliegenden, am Boden kriechenden Ästen und kleinen, schmalen, bläulich bereiften Blättern. Mit seinen dunkelvioletten Blütenlippen, die einen grellorangen Gaumenfleck umschließen, sieht er wie ein Miniatur-Löwenmäulchen aus. Er blüht von Juni bis September. – **Standort:** Das Alpen-Leinkraut ist ein typischer Schuttüberkriecher, der mit losen, biegsamen Teilen dem feuchten und feinen Rieselschutt aufliegt und das bewegliche Material immer wieder überwächst. Nicht allzu häufig auf offenem und bewegtem Felsschutt, auf Geröllhalden und Flußschottern im Kalk. In der Täschelkraut-Schuttflur zwischen 1200 und 3400 m, längs der Flüsse auch bis tief ins Tal hinabsteigend. – **Verbreitung:** Alpen; Pyrenäen, Jura, Karpaten; Apennin, Illyrische Gebirge, Balkanhalbinsel. – **Volksnamen:** Verschreikraut, Immernicht, Grießspeik, Löwengoscherl. Die Pflanze spielte im Volksaberglauben des Mittelalters bis in die Neuzeit eine große Rolle als sogenanntes Berufskraut (»unberufen«) oder Beschreikraut. Besonders kleine Kinder schützte man mit dem Kraut vor Hexenzauber.

Himmelsherold

Eritrichum nanum (Amann) Schrad.

Merkmale: Ein Rauhblattgewächs *(Boraginaceae),* das niedrige, lockere Polster bildet, die mit glänzend seidig Haaren bedeckt sind, und das mit einer starken, langlebigen Pfahlwurzel im Boden verankert ist. Der Stengel ist dicht beblättert, die abgestorbenen, vorjährigen Blätter bleiben zum Schutz der jungen Triebe erhalten. Die grundständigen Blätter sind rosettig zusammengeschlossen. Die Blüten stehen in armblütigen Wikkeln. Sie strömen einen feinen, zarten Duft aus. Die Blumenkrone ist anfangs karmin-rotviolett, dann leuchtend blau. Die ganze Pflanze sieht wie ein winziges, eisblaues Vergißmeinnicht aus. Die Polster des Himmelsherold können bis zu 30 Jahre alt werden. Seine 2–3 mm dicken Wurzeln zeigen eine Jahresringbreite von 0,033 mm! Er blüht von Juli bis August. – **Standort:** Die kleine Polsterpflanze gehört zu den letzten Vorposten des pflanzlichen Lebens im Hochgebirge. Sie ist meist auf die Gipfelregion beschränkt, auf Grate und Kämme und in Felsspalten auf kalkarmer, saurer Unterlage in großen Höhen von 2500 bis 3900 Metern. Nur wenige Bergwanderer werden diese ausgesprochen seltene, wun-

(Fortsetzung Seite 112)

Leberbalsam

Erinus alpinus L.

Merkmale: Ein Rachenblütler *(Scrophulariaceae),* von halbstrauchartigem Wuchs mit zahlreichen blühenden Trieben in polsterartigen Verbänden. Stengel 5–12 cm hoch, ebenso wie die Blätter mäßig abstehend behaart; die Blätter selbst spatelig, grob gesägt, allmählich in den Blattstiel verschmälert; Blütentrauben 10–15-blütig, anfangs gestaucht, dann gestreckt; Blüten hell purpurviolett, mit dunkelpurpurn geaderten Zipfeln, 7–10 cm breit und lang, trichterig bis stieltellerförmig. – Einziger Vertreter der Gattung, verwandt mit Fingerhut und Ehrenpreis der gleichen Familie. – **Standort:** In Felsspalten und auf steilen Hängen, in kalkliebenden Rasengesellschaften bis in größere Höhen, aber ebenso auch tiefer hinabsteigend. – **Verbreitung:** Von den westmediterranen Gebirgen Algeriens und Marokkos über die Pyrenäenhalbinsel und den Schweizer Jura in den Alpen, östlich bis Vorarlberg und an den Gardasee, dann im Apennin und auf Sardinien: Ein kennzeichnender Vertreter der westalpinen Flora. – **Volksnamen:** »Steinrösli« als sichtlich einziger echter Volksname, auf den Standort bezogen. »Leberbalsam« ist ein reiner Büchername, da die älteren Botaniker eine Verwandtschaft mit dem echten Leberbalsam, *Ageratum*, einem Korbblütler angenommen hatten.

---

derschöne Pflanze je gesehen haben, deren Blüten die Bläue des Himmels künden. Wer einmal inmitten der Schnee- und Eiswüste vor so einem »zur Erde gefallenen Stückchen Himmelsblau« gestanden hat, wird diese Begegnung nicht wieder vergessen! – **Verbreitung:** In den Alpen nur in den Zentral- und Südalpen; Karpaten, Kaukasus. Eine arktisch-alpine Art, die frühzeitig aus den asiatischen Gebirgen über die Karpaten in die Alpen eingewandert ist.

Felsen-Ehrenpreis

Veronica fruticans Jacq.

Merkmale: Ausdauernder, 5–15 cm hoher Rachenblütler mit verholztem, am Grunde verzweigtem Stengel und aufsteigenden Ästen. Die ovalen Blätter sind kahl und leicht gekerbt, die Blüten stehen in einer wenigblütigen, flaumig behaarten, endständigen Rispe. Sie sind leuchtend azurblau, mit einem auffallend roten bis dunkelpurpurnen Ring am Schlund. Der Blütenbau weicht mit 4 Kronblättern und nur 2 Staubblättern vom Schema der meist fünfzähligen Zweikeimblättrigen etwas ab. Bemerkenswert ist die Art der Bestäubung durch Schwirrfliegen und Käfer. Auch Selbstbestäubung kommt häufig vor. Blüht von Juli bis August. Die Gattung Ehrenpreis ist mit rund 240 Arten in den gemäßigten und kalten Gebieten beider Erdhälften verbreitet. Sie hat zahlreiche Gebirgspflanzen hervorgebracht, darunter die abgebildete Art – in Neuseeland sogar eine baumartige Sippe mit bis zu 1 m Stammdurchmesser! – **Standort:** Ziemlich häufig auf sonnigen Felshalden, steinigen Hängen und trockenen Weiden. In Blaugrashalden und Felsspaltengesellschaften sowohl auf Kalk- wie auch auf Silikatgestein zwischen 1200 und 2800 m. – **Verbreitung:** Alpen; Pyrenäen, Schwarzwald, Vogesen, Schottland, Karpaten; Korsika, Apennin, Illyrische Gebirge; Altai, arktisches Europa, Grönland. –

Außer dem Felsen-Ehrenpreis kommen in den Alpen noch etliche andere Ehrenpreis-Arten vor, darunter das bekannte Blaue und das Gelbe »Mänderle« *(Veronica bonarota* und *Veronica lutea),* Seltenheiten der südalpinen Kalk- und Dolomitklüfte; oder der als Heilpflanze sehr geschätzte Alpen-Ehrenpreis, *Veronica alpina,* auch Ebenauskräutl genannt. Der Name Ehrenpreis bezieht sich ja auf die Heilwirkungen dieser Pflanzen, die besonders im Mittelalter sehr hoch eingeschätzt wurden als »Heil aller Schäden«.

Quirl-Läusekraut

Pedicularis verticillata L.

Merkmale: Das Quirlblättrige Läusekraut ist eine ausdauernde, 5–30 cm hohe Pflanze, von deren spindeliger Wurzel zahlreiche aufrechte, zwei- bis vierzeilig behaarte Stengel entspringen. Seine tief fiederspaltigen Blätter sind zu dritt und viert quirlig an den unverzweigten Stengeln angeordnet. Die purpurroten Blüten mit den ungeschnäbelten Oberlippen stehen in kopfigen Trauben. Blüht von Juni bis August. Die Läusekräuter zählen trotz ihres wenig ansprechenden Namens zu den schönsten alpinen Wiesenpflanzen mit zierlichen, farnähnlich zerteilten Blättern und stattlichen, bunten Blütenähren. Sie gehören einer Unterfamilie der Rachenblütler *(Scrophulariaceae)* an, die sämtlich grüne Halbschmarotzer sind, sich mit Saugorganen an die Wurzeln der Wiesenpflanzen festhalten und ihnen Wasser, Nährsalze, teilweise sogar organische Verbindungen entziehen, dabei aber selbst noch mit grünen Blättern zu assimilieren vermögen. Durch diesen Parasitismus können sie den Rasen schädigen und dessen wirtschaftlichen Ertrag mindern. Weitere derartige halbschmarotzende Rachenblütler sind der Augentrost, *Euphrasia,* der Klappertopf, *Alectorolophus,* und der Wachtelweizen, *Melampyrum.* Das Quirl-Läusekraut schmarotzt mit Vorliebe auf Blaugras. Es entnimmt ihm vor allem Wasser und kann dadurch auch auf trockeneren Standorten gedeihen, obwohl es selbst keinerlei Verdunstungsschutz entwickelt hat und beim Pflücken sofort welkt. Dem Blaugras schadet es jedoch nur wenig und zerstört es auch nicht, im Gegensatz zu anderen Läusekräutern, die Wurzeln der Wirtspflanze. Neben dem Quirlblättrigen und dem nachstehend beschriebenen Gelben Läusekraut gibt es noch eine Reihe weitere alpiner Läusekräuter von unterschiedlicher Wuchshöhe, die den beschriebenen ähneln, deren Blütenfarbe von gelb über rosa, fleischrot bis zu dunkelpurpurn und braunrot wechselt. – **Standort:** Häufig auf feuchten Wiesen und steinigen Matten auf mild-humosen, kalkhaltigen Böden. In Blaugrashalden und Horstseggenrasen zwischen 1800 und 2800 m. – **Verbreitung:** Alpen, spanische und französische Gebirge, Apennin, Balkanhalbinsel; Zentralasien, arktisches Eurasien und Nordwestamerika.

Durchblättertes Läusekraut

Pedicularis foliosa L.

Merkmale: Das Durchblätterte oder Gelbe Läusekraut ist mit seinen 15–50 cm Höhe eine der stattlichsten Arten dieser Gattung. Seine grundständigen Blätter sind langgestielt und doppelt gefiedert, die Stengelblätter sind wechselständig und stehen sehr dicht, die Blütenähre ist von gefiederten Tragblättern unterbrochen. Die bleichgelben Blüten stehen in dichten Ähren. Die Blüte selbst ist wie bei allen Läusekräutern röhrig, mit vorne erweiterter Krone. Bei diesem Läusekraut ist die Oberlippe filzig behaart und ungeschnäbelt, die Staubblätter sind an der Spitze bärtig. Blütezeit von Juni bis August. Alle Läusekräuter werden von Hummeln bestäubt, Ihr Blütenbau ist wunderbar zweckmäßig dem Körper der Hummeln angepaßt: die schräg gestellte Unterlippe dient als Anflugplatz und ermöglicht es den Hummeln, ihren Kopf bequem in den engen Blüteneingang einzuführen. Dann wird der Rüssel durch eine Rinne der Unterlippe bis zum Nektar am Grunde der Blumenkronröhre geführt. Dabei wird der Rücken der Hummel mit Pollen bestreut, der auf der Narbe der nächsten Blüte abgestreift wird, die deutlich aus der Oberlippe herausragt. Bleibt einmal Insektenbesuch aus, kann auch Selbstbestäubung erfolgen. – **Standort:** Auch das Gelbe Läusekraut ist ein Halbschmarotzer, der nicht sehr häufig auf feuchten Wiesen und Weiden, begrasten Schutthalden, an Bachrändern und auf bodenfeuchten Wildheuplanggen wächst, vor allem auf lockerer, kalkreicher Unterlage. In Hochstaudenfluren und Rostseggenrasen zwischen 1400 und 2400 m. – **Verbreitung:** Alpen; spanische und französische Gebirge, Jura, Vogesen; Apennin. – **Volksnamen:** Gelbstirzl, Geißfarä. Der Name Läusekraut geht übrigens darauf zurück, daß man früher einen Absud des Krautes als Mittel gegen Läuse bei Mensch und Haustier verwendete, obwohl K. H. Waggerl in seinem »Heiteren Herbarium« meint: »Das Läusekraut ist so verlaust, daß nur ihm selbst nicht vor ihm graust«.

Alpen-Fettkraut

Pinquicula alpina L.

Merkmale: Es gehört zu den merkwürdigen, insektenverdauenden Wasserschlauchgewächsen *(Lentibulariaceae),* dem auch der Wasserschlauch selbst angehört, eine untergetaucht lebende Wasserpflanze. Von einer grundständigen, schwach bewurzelten Blattrosette, die fest auf dem Boden anliegt, entspringt der Blütenschaft des Fettkrauts, der die langgespornte, bläulich-weiße Blüte mit gelbem Schlund trägt. Als Bestäuber fungieren Fliegen, die auf der Suche nach den nahrhaften Futterhaaren am Grunde des Sporn in eine sogenannte »Fliegenklemmfalle« geraten: Steife Sperrhaare hindern sie am Rückzug! Auf der Suche nach einem Ausweg drängen sie nach oben und kommen dabei mit den Staubbeuteln in Berührung. Gelingt es ihnen endlich, sich zu befreien, fallen sie prompt der gleichen Tücke bei der nächsten Blüte zum Opfer und streifen dabei ihren Pollen an deren Narbe ab. Wesentlich weniger harmlos als diese Blütenfallen sind hingegen die Fallen, die den Kleininsekten von den bleichgrünen Blättern gestellt werden! Diesmal geht es ihnen ans Leben! Die schiffchenförmigen, am Rande etwas eingerollten Blätter sind nämlich an ihrer Oberfläche mit gestielten Fangdrüsen besetzt, die gleich einer Leimspindel ein klebriges Sekret ausscheiden. Kleine Insekten bleiben daran haften. Durch den Reiz rollen sich die Blätter ein, die Drüsen sondern ein eiweißverdauendes und fäulnishemmendes Sekret aus und wenn sich die Blätter wieder aufrollen, ist von ihren Opfern nur mehr ein schwärzlicher, dunkler Chitinpanzer übrig. Die derart aufgenommenen Eiweißverbindungen ergänzen den meist spärlichen Stickstoffgehalt des Bodens. Das Alpen-Fettkraut blüht im Mai und Juni, bis August. Die sehr kleinen Samen werden vom Wind vertragen. Die Pflanze überwintert mit einer zwiebelartigen Endknospe, in derem Inneren sich die Anlagen für die Rosettenblätter des nächsten Jahres finden. Außerdem werden in den Achseln der obersten Laubblätter kleine Brutzwiebeln gebildet, die der vegetativen Vermehrung dienen. Diese Einrichtung befähigte einst das Alpen-Fettkraut, sein Verbreitungsgebiet während der Eiszeit und nachher bis in die Arktis auszudehnen. – **Standort:** Auf feinem, kalkreichem, humusarmem Schlamm, besonders auf Moorwiesen und Flachmooren, aber auch auf feuchten Felsen, zwischen 800 und 2000 m. Als Relikt aus der Eiszeit auch in bayrischen Mooren. – **Verbreitung:** Eurosibirisch. Die Gattung von holarktischer Gesamtverbreitung. – **Volksnamen:** Schmalztaschen (wegen der fleischigen Blätter), Bseichkraut (nach Genuß soll die Milch versiegen: tatsächlich lassen die Blätter die Milch gerinnen, ähnlich dem Labferment).

Berg-Baldrian

Valeriana montana L.

Merkmale: Zu den Baldriangewächsen *(Valerianaceae)* zählende, bis zu 60 cm hohe, tiefgrüne Pflanze mit ovalen, gegenständigen Blättern. Untere Blätter mit kurzem Stiel, obere sitzend, in den Stengel verschmälert. (Die Blätter des sehr ähnlichen und nahe verwandten Dreizähligen Baldrians, *Valeriana tripteris,* sind dreischnittig geteilt!) Die kleinen, trichterförmigen, rosafarbenen bis weißen, charakteristisch nach Baldrian duftenden Blüten stehen in einer endständigen Trugdolde. Blüht von April bis Juni. – **Standort:** Ziemlich häufig in Schutthalden, auf Geröll und in Karfluren. In der Pestwurzhalde sowie in Latschenbeständen, immer auf kalkhaltigem Boden. Von 650 bis auf 2780 m ansteigend. – **Verbreitung:** Der Felsen-Baldrian kommt in zwei Rassen vor: Die eine Rasse in den Westalpen; Pyrenäen, Korsika, Apennin und Balkan; die andere Rasse besiedelt die Ostalpen, den Jura und die Karpaten. –
Ein Verwandter des Felsen-Baldrians (aus der gleichen Gattung) ist der Echte Speik, *Valeriana celtica,* der auf tiefgründigen, kalkfreien Alpenmatten, den sogenannten Speikböden, wächst. Sein stark aromatisch duftender Wurzelstock war schon im Altertum, bei Römern und Griechen, als Duft- und Räucherpflanze sehr geschätzt. Bis zur Gegenwart wurde er noch als Duftstoff für Seifen (Speikseife) verwendet, steht heute aber unter Naturschutz. Ein weiterer Verwandter ist der als Heilpflanze berühmte Echte Baldrian, *Valeriana officinalis,* dessen Wurzelstock als Tee bei nervösen Störungen, Schlaflosigkeit, geistiger Überarbeitung und nervösen Darmkoliken verwendet wird. Die charakteristische beruhigende Wirkung wird von dem Inhaltstoff Isovaleriansäure ausgelöst, darüber hinaus enthält er unter anderem noch Gerbsäure, Äpfel-, Ameisen- und Essigsäure, Gummi, Schleim, Zucker, Harz und Stärke. Bei den Alpenbewohnern wird der Berg-Baldrian in gleicher Weise wie der offizinelle Echte Baldrian gebraucht.

Zierliche Glockenblume

Campanula cochleariifolia Lam.

Merkmale: Ausdauerndes, 5–20 cm hohes, kahles oder behaartes Glokkenblumengewächs *(Campanulaceae),* das meist dichte Rasen bildet. Stengel aufsteigend, untere Laubblätter schwach herzförmig, grob gezähnt und gestielt, obere lanzettlich, gezähnt, sitzend. Die nickenden Blüten stehen in wenigblütigen, einseitswendigen Trauben. Krone bauchig, glockig, blau, selten hellblau oder weiß. Kelchzipfel borstig abstehend. Blüht von Juni bis September. – **Standort:** Auf Felsbändern und Wandklüften, in Schutt- und Geröllhalden, auf kalkreichen, oft sickerfeuchten Böden. Von den Alpentälern bis 3000 m aufsteigend. In Flußtälern oft weit ins Vorland verschwemmt. – **Verbreitung:** Zentralmassiv, Jura, Vogesen, Schwarzwald, Alpen, Karpaten. Die Gattung *Campanula* umfaßt insgesamt rund 400 Arten und ist mediterranen Ursprungs. – **Volksnamen:** Steiglöggli, Muräglöggli.

Grasblatt-Rapunzel

Phyteuma hemisphaericum L.

Merkmale: Ebenfalls ein Glockenblumengewächs, bei dem aus einem Büschel grundständiger, grasartiger Blätter der dünne, wenig beblätterte Stengel mit dem einköpfigen, 10–12-blütigen, fast kugeligen Blütenstand herauswächst. Die dunkelblauen Blüten weisen eine eigenartige Bestäubungseinrichtung auf: Der Pollen wird schon in der Knospe in den Fegebürsten des Griffels abgeladen und tritt oben aus der röhrenförmigen Blumenkrone heraus, wo er von Insekten aufgenommen wird. Erst später öffnen sich auch die Narbenäste des Griffels und können nun bestäubt werden; gleichzeitig öffnen sich auch die Blumenkronen gitterartig und geben den Zugang zu den im Blütengrund verborgenen Honig frei. Auf diese Art wird Fremdbestäubung garantiert. Blüht im Juli und August. – **Standort:** Auf mageren Weiden und trockenen, humusreichen und steinigen Matten, immer auf kalkarmen, sauren und ausgelaugten Böden. Diese Rapunzel bevorzugt die Borstgras- und Krummseggenrasen, kommt aber auch in Felsfluren und Zwergstrauchheiden vor, zwischen 1700 und 3600 m. – **Verbreitung:** Alpen, spanische und französische Gebirge. – **Volksnamen:** Zwangskräutl, Frauenspeik.

Schopf-Teufelskralle ▲

Phyteuma comosum L.

Merkmale: Ein ausdauerndes Glockenblumengewächs, auch Schopf-Rapunzel genannt, mit prächtigen Blütenköpfen. Die Pflanze wird 5–15 cm hoch, der aufsteigende Stengel ist locker beblättert. Die Blätter selbst sind gestielt und grob gesägt, die grundständigen rundlich nierenförmig, die Stengelblätter länglich oval. Die Blüten stehen in einer geradezu unverhältnismäßig großen, endständigen, kopfigen Dolde. Die Einzelblüten sind schlauchartig aufgeblasen, hellila gefärbt, mit dunkler Spitze. Die 16 mm lange, unten bauchig erweiterte Blumenkrone bleibt bis zum Verwelken geschlossen; der Nektar ist deshalb nur für lang- und dünnrüsselige Insekten, in erster Linie Schwebfliegen und Tagfalter, zugänglich. Blüht im Juni und Juli. – **Standort:** Die Schopf-Rapunzel ist eine typische Pflanze der Kalk- und Dolomit-Felsspalten. Sie ist jedoch keineswegs hochalpin, sondern wächst an etwas feuchten Felsen, in Spalten und Schrunden, besonders in den Schluchten der Alpentäler und steigt nur ausnahmsweise bis in die alpine Stufe auf 2000 m hinauf. Es handelt sich hier wieder um ein uraltes »Überbleibsel« aus dem Tertiär, das sich als große Seltenheit in den Südalpenketten bis in die Gegenwart erhalten hat. Gleich anderen Arten aus diesem zurückliegenden Erdzeitalter, in dem das Klima wesentlich wärmer war als heute, hat sie die Eiszeiten in sonnigen und geschützten Felsspalten der Südalpen überdauert. Auf derartigen extremen Sonderstandorten, wo keine Konkurrenz durch Arten gegeben ist, die dem gegenwärtigen Klima besser angepaßt sind, blieb sie auch bis heute erhalten. Die Südalpen waren in den Eiszeiten ja überhaupt die bevorzugte Zufluchtstätte von wärmeliebenden Arten, weil sie weniger vergletschert waren als die Nord- und Zentralalpen. Deshalb häufen sich in ihnen auch heute noch die Reliktarten, während die Nordalpen ausgeräumt und artenarm erscheinen. – **Verbreitung:** Die Schopf-Rapunzel gehört zum mediterranen Stamm der Alpenflora. Sie besaß wahrscheinlich vor den Eiszeiten eine weitere Verbreitung. Heute kommt sie nur mehr zerstreut in den Südlichen Kalkalpen und den Julischen Alpen, sowie in den Westkarpaten vor.

Alpen-Aster ▲

Aster alpinus L.

Merkmale: 5–15 cm hoher Korbblütler *(Compositae)* mit ganzrandigen, flaumig behaarten Blättern. Stengel einköpfig, Blütenköpfe groß, 3–4,5 cm im Durchmesser, die äußeren Blüten zungenförmig und blauviolett, innere Blüten röhrenförmig und goldgelb. Die Alpenaster ähnelt einem großen blauen Gänseblümchen. Weil sie erst spät, von Juli bis September blüht, läßt sie ihre abstehend behaarten Früchtchen mit borstigen Haarkronen als »Wintersteher« an dürren Stengeln, die über den Schnee herausragen, nachreifen und vom Winde verbreiten. – **Standort:** Die auffallend bunte Bergblume wächst nicht sehr häufig, aber meist gesellig auf mageren Wiesen, Wildheuplanggen und Felshängen. Wir finden sie auf Windecken im Polsterseggenrasen und in steinigen Blaugrashalden zwischen 1400 und 3100 m. Kalkzeiger. – **Verbreitung:** In mehreren Kleinrassen verbreitet in den Alpen; Pyrenäen, Jura, Deutsches Mittelgebirge, Karpaten, Balkan; Vorderasien, Kaukasus, Nordrußland, über Ural und Altai bis Sibirien; Nordamerika.

Alpen-Margerite

Chrysanthemum alpinum L.

Merkmale: 3–15 cm hoher, rasenbildender Korbblütler. Blätter kahl, grundständige Blätter kammförmig geteilt, Stengelblätter lineal, Blütenstand einköpfig, die Blüten groß (3–4 cm im Durchmesser), mit schwarzbraun gerandeten Hüllblättern. Die Alpen-Margerite sieht wie eine niedrigstengelige, besonders großblütige Wiesen-Margerite aus und zeigt im gestauchten Wuchs und den relativ großen Blüten die typischen Merkmale einer Alpenblume. Im Gegensatz zu der auf kalkfreien Böden wachsenden Alpen-Margerite besiedelt die Schwarzrand-Margerite, *Chrysanthemum atratum,* feinerdereichen Schutt und Schneeböden auf Kalk (vikariierendes Artenpaar, vgl. S. 50). Blüht von Juli bis August. – **Standort:** Ziemlich häufig auf Wiesen und Weiden, in humosen Matten und verwachsenen Geröllhalden. Oft im Krummseggenrasen und Gletscherweidenspalier zwischen 1800 und 2800 m. Kalkmeidend. – **Verbreitung:** In mehreren Rassen in den Alpen, Karpaten, Pyrenäen, im Apennin und den Illyrischen Gebirgen. – **Volksnamen:** Alpenkamille, Riberöl, Weiße Gamswurz, Alpengretle.

Edelweiß ▲

Leontopodium alpinum Cass.

Merkmale: Die bekannte Alpenpflanze wird je nach Standort 5–10 cm hoch. Blätter lanzettlich, die goldgelben Blütenköpfe zu einem doldigen Blütenstand vereint. Die einzelnen Blütenköpfe sind nur aus Röhrenblüten zusammengesetzt, den Schauapparat zur Anlockung der bestäubenden Insekten bilden die weißfilzigen Hochblätter. Blütezeit von Juli bis September. – **Standort:** Felsbänder und Wildheuplanggen, magere Wiesen und steinige, trockene Halden, in Felsspalten und Blaugrashalden zwischen 1700 und 3400 m. Das Edelweiß ist also keineswegs so exklusiv, daß es nur »auf steiler Felsenwand« wachsen würde, nur hat es an den unzugänglichen Stellen größere Chancen, zu überleben. Es ist erst während der Eiszeiten aus den sibirischen Steppen eingewandert. Daß es zum Symbol der Alpen schlechthin aufgewertet wurde, tut ihm gar nicht gut: Trotz strenger Schutzbestimmungen ist es durch gewissenlose Pflanzenräuberei an vielen Orten schon fast ausgerottet worden. – **Verbreitung:** Alpen; Pyrenäen; Karpaten, Illyrische Gebirge, Balkanhalbinsel. – **Volksnamen:** Irlweiß, Jagerbleaml, Bauchwehbleaml, Hahnetabbe.

Großköpfige Gemswurz

Doronicum grandiflorum Lam.

Merkmale: Einer der zahlreichen gelbblühenden Korbblütler. Die Großköpfige Gemswurz hat eine kriechende Grundachse, aus der ein 20–50 cm hoher Blütenstengel entspringt, an dem die wechselständigen Blätter sitzen. Diese sind buchtig gezähnt, oval mit herzförmigen Grund und drüsig-zottig behaart. Die endständigen Blütenköpfe, meist nur einer je Stengel, sind 4–6 cm groß und sattgelb. Blüht von Juli bis August. – **Standort:** Ziemlich häufig im Felsschutt und Geröll, auch in Felsspalten und auf steinigen Hängen. Typischer Schuttstrecker und bezeichnender Bewohner der Täschelkraut-Schuttflur. Zwischen 1200 und 3100 m. – **Verbreitung:** Alpen (nur in den Kalkalpen); Pyrenäen, Korsika. – **Volksnamen:** Hirschwurz, Zigerchrut, Bergzigerchrut. –

Die Blüten der Gemswurz werden von Unkundigen manchmal mit denen des Arnika verwechselt und wie diese verwendet, enthalten aber keine heilenden Wirkstoffe. Der Name Gemswurz soll angeblich davon abgeleitet werden, daß die Gemsjäger ihre Wurzel essen, um schwindelfrei zu bleiben.

Moschus-Schafgarbe

Achillea moschata Wulf.

Merkmale: Die gleichfalls zu den Korbblütlern zählende Pflanze ist an ihren fiederteiligen Blättern und an den doldig genäherten, kleinen Köpfen mit den breiten und kurzen Zungenblüten als Schafgarbe zu erkennen. Sie wird 10–15 cm hoch, ihre kammförmig geteilten Blätter sind drüsig punktiert. Die weißen Blütenköpfe stehen zu 3 bis 15 an einem Stengel. Die ganze Pflanze verströmt einen auffallend aromatisch-würzigen Duft. Außer der Moschus-Schafgarbe können wir in den Alpen noch andere Schafgarben finden, und zwar auf kalkarmem, wie auf kalkreichem Gestein. – **Standort:** Kalkarme, saure Böden, Schutthalden und magere, trockene Wiesen der alpinen Stufe zwischen 1700 und 3000 m. – **Verbreitung:** Ziemlich häufig in den Zentral- und Südalpen. Blüht von Juli bis August. – **Volksnamen:** Almkamillen, Frauenraute, Jochkamillen, Jochsefen, Sandkraut, Wildfräulichrut, Ziegenkraut. Aus dem Romanischen: Iva, Ivakraut. –

In der Volksheilkunde wird die Moschus-Schafgarbe als Heilkraut bei Erkrankungen des Magens, Darmes und der Leber sehr geschätzt. Sie enthält unter anderem den Bitterstoff Achillein, Azulen-Öl und Iva-Öl. In der Schweiz wird sie zur Herstellung des bekannten Alpenkräuterlikörs – Ivalikör – verwendet.

Filz-Brandlattich △

Homogyne discolor (Lacq.) Cass.

Merkmale: Korbblütler. Eine 10–30 cm hohe, eher unscheinbare Pflanze mit kurzer, wollig beschuppter Grundachse und einköpfigem, gleichfalls wolligem, meist blattlosem Stengel. Blätter grundständig, rundlich-nierenförmig, gekerbt, oberseits dunkelgrün, unterseits weißfilzig: *discolor* = zweifarbig! (Beim ähnlichen Alpen-Brandlattich, *Homogyne alpina,* sind die Blätter auch unterseits grün!) Die Blütenköpfe sind klein, mit zahlreichen, rötlichen Röhrenblüten, Haarkrone rein weiß. Blüht von Mai bis August. – **Standort:** Auf Alpenmatten und im Azaleenteppich, kalkliebend. – **Verbreitung:** Der Zweifarbige Brandlattich kommt nur in den Ostalpen vor und streicht von hier bis Siebenbürgen aus. Sein einfärbiger Verwandter ist hingegen überaus häufig in lichten, moosigen Bergwäldern und Gebüschen, auf kalkarmen Böden in den Gebirgen Süd- und Mitteleuropas zu finden.

Arnika △

Arnica montana L.

Merkmale: Korbblütler, 20–50 cm hoch mit unverzweigtem, drüsenhaarigem Stengel und zwei bis drei gegenständigen Blattpaaren (eine Ausnahme unter den Korbblütlern). Blätter der Blattpaare ganzrandig, oval sitzend, übrige Blätter grundständig, zungenförmig, kurzhaarig drüsig, mit fünf deutlichen Nerven. Die großen (5–8 cm breiten) Blütenköpfe sind von leuchtend orangegelber Farbe, die inneren Scheibenblüten röhrig, fünfzähnig, die äußeren Zungenblüten 2,5 cm lang, am oberen Ende dreizähnig, von fünf bis zwölf Nerven durchzogen. Die ganze Pflanze, besonders aber die Blüte duftet aromatisch-würzig. Der Geschmack ist bitter, scharf. Obwohl der Arnika bei uns die einzige Art seiner Gattung ist, wird er oft mit ähnlichen Korbblütlern verwechselt und verfälscht, so mit Ringelblumen, Ochsenauge, die Wurzel mit der des Teufelsabbiß. Blütezeit je nach Höhenlage von Anfang Juni bis Ende August. – **Standort:** Arnika ist eine charakteristische Pflanze des Bürstlingrasens, der saure, magere Weiden bedeckt. Er wächst aber auch auf austrocknenden Mooren, ungedüngten Waldwiesen, nicht selten sogar auf sandigen, torfigen Wiesen der Niederung. Kalkmeidend. Steigt im Gebirge bis 2800 m hinauf. – **Verbreitung:** Arnika ist auf Europa beschränkt und reicht im Norden bis Südskandinavien. Südliche Vorkommen finden wir nur in höheren Lagen. – **Volksnamen:** Johannisblume, Kraftwurz, Kraftrose, Schmalzblume, Mahderblume, Wolferlei, Wundkraut. – Eine der meist gebrauchten Heilpflanzen im Gebirge, mit der der Älpler eine ganze Reihe von Krankheiten und Gebrechen kuriert. Als Tinktur wird sie gegen Verrenkungen und Verstauchungen, als Einreibung gegen Hexenschuß, als Desinfektionsmittel bei Wunden verwendet. Innerlich, als Tee oder verdünnte Tinktur (Vorsicht!), soll sie bei Magenbeschwerden und Frauenleiden helfen. Ihre vielen Verwendungsarten spiegeln sich in den zahlreichen Volksnamen wider: In Österreich und der Schweiz heißt sie auch Mutterwurz oder Mägdeblum nach ihrer Verwendung bei Frauenleiden; Bruchkraut oder Schadnblum als Heilkraut bei Verletzungen; Schreckblum als Belebungsmittel bei Schock; Blutblum, weil sie Blutergüsse zerteilt und Stichblum, weil sie auch gegen Seitenstechen helfen soll; Nießblum schließlich, weil ihre Wurzel auch als Schnupftabak verwendet wird. Heilkräftige Pflanzenteile sind vor allem die Blüten, weniger die Wurzel. Arnika enthält den Bitterstoff Arnicin, ätherische Öle, Gerbsäure, Harze und ein flüchtiges Alkaloid.

Stacheligste Distel

Cirsium spinosissimum (L.) Scop.

Merkmale: Stattlicher Korbblütler, auch Alpen-Kratzdistel genannt, bei dem aus einem walzenförmigen, oft vielköpfigen Wurzelstock der meist unverzweigte, 50–120 cm hohe Stengel entspringt, der bis zur Spitze mit gelbgrünen, fiederspaltigen, dornig gezähnten Blättern besetzt ist. Die unscheinbaren, blaßgrünen Blütenköpfe sind von bleichgrünen, lang zugespitzten Hochblättern umgeben. Eine der wenigen gelbblühenden Disteln (ähnlich der Kohldistel, *Cirsium oleraceum,* oder der Klebdistel, *Cirsium erisithales*), während die Mehrzahl unserer Disteln purpurn blüht. Diese »allerstachligste« Distel trägt ihren Namen zu Recht! »Nur« eine Distel, aber die bizarren Gestalten dieser wehrhaften Pflanze mit den wunderbar ornamentalen Blättern sind von eigenartiger Schönheit. Mit anderen Disteln der Wiesenflora, die über die Baumgrenze hinaufsteigen, bastardiert sie wie alle Disteln häufig, so etwa mit der Filzdistel, *Cirsium heterophyllum.* Sogar voll fruchtbare, dreifache Bastarde wurden schon gefunden. Als Bestäuber kommen Käfer, Fliegen, Hautflügler und Falter in Frage. Blüht von Juli bis September. – **Standort:** Die Alpen-Kratzdistel wächst häufig und meist truppweise auf feuchten, tiefgründigen Weiden und Lägern, in wasserzügigen Grobschutthalden und Karen, wo sie eine nicht unbedeutende Rolle als Bodenfestiger spielt. Sie geht auch in Grünerlengebüsch, wo sie, ebenso wie in Lägerfluren und überweideten Almen, stickstoffreichen Boden anzeigt. Besonders charakteristisch für die Hochstaudenfluren von 1600 bis 3000 m. – **Verbreitung:** Die Art ist in den Alpen selbst entstanden und auch heute ausschließlich auf die Alpen beschränkt. Nahe Verwandte kommen in den Pyrenäen und im Apennin vor. – **Volksnamen:** Der Älpler nennt die auffallende Pflanze Kraftwurz, Einhack, Wiesdorn, Stüpfi, Kardaun, Wolfschrut, Madeflen. – Ihre zarten jungen Triebe werden von Schafen und Ziegen, weniger von Rindvieh gerne gefressen, jedoch gekocht als Schweinefutter verabreicht. Die ausgewachsenen, hartstacheligen Pflanzen aber werden vom Vieh gemieden. Von den Älplern wird sie als Weideunkraut ebenso wie der giftige Germer bekämpft. Gegen kleine Schnecken jedoch helfen der Alpendistel ihre vielen Stacheln allerdings nichts, sie wird von ihnen oft ganz zerfressen.

Zottiges Habichtskraut

Hieracium villosum Jacq.

Merkmale: Korbblütler *(Compositae)* aus der artenreichen und vielgestaltigen Gattung der Habichtskräuter, mit mehr als 750 Arten und Zwischenarten eine der formenreichsten Gattungen Mitteleuropas überhaupt, deren Schwergewicht in den Alpen liegt. Auch beim Zottigen Habichtskraut handelt es sich um eine sehr formenreiche Alpenpflanze, die im Gebiet in 9–11 Unterarten vorkommt. Das Zottige Habichtskraut ist eine 10–35 cm hohe, milchsafthaltige Pflanze, ohne Ausläufer, die ganz in einen langhaarigen, weißen Filz gehüllt und daran relativ leicht zu erkennen ist. Das dichte, zottige Haarkleid schafft einen unbewegten Luftmantel. Die starke Behaarung wirkt daher als Anpassung an trockene Standorte. Der Stengel ist wechselständig beblättert, ein bis wenigköpfig, die Blätter blaugrün, lanzettlich. Die Hüllblätter der Blütenköpfchen sind zugespitzt, die äußeren breit und laubblattähnlich. Die hellblauen Blütenköpfe erreichen 2–3,5 cm im Durchmesser. Alle Blüten sind zwittrig, alle Kronen zungenförmig. Die Haarkrone ist gelblichweiß und zerbrechlich. Blüht im Juli und August. Die botanische Systematik faßt Korbblütler mit Milchsaft, wechselständigen Blättern, zwittrigen Blüten und ausschließlich zungenförmigen Kronen in der Untergruppe »Zungenblütler« *(Liguliflorae)*, bzw. als eigene Familie *(Cichoriaceae)* zusammen, denen die Röhrenblütler *(Tubuliflorae)* als Korbblütler im engeren Sinne (*Compositae* s. str.) gegenüberstehen. – **Standort:** Ziemlich häufig auf steinigen Stellen, auf Felsbändern, in trockenen Geröllhalden und im Krummholz. Trockenheitsliebend. Nur auf kalkreichem Gestein. – **Verbreitung:** Alpen (fehlt in den Silikatmassiven), Jura, Karpaten; Apennin, Illyrische Gebirge, Balkanhalbinsel.

Silberdistel △

Carlina acaulis L.

Merkmale: Korbblütler, dessen großer 6–12 cm breiter Blütenkorb beinahe stengellos dem Boden aufsitzt und von einer Rosette fiederteiliger, stachelig gezähnter Blätter umgeben ist, mitunter aber auch sich an gestreckten Stengeln vom Boden bis zu 30 cm abhebt. Die strahlenförmigen Hüllblätter sind an der Innenseite silberweiß, außen grün, die Röhrenblüten (Strahlenblüten fehlen) sind weißlich bis rötlich. Die Blütenköpfe sind hygroskopisch: Bei sonnigem Wetter sind die Silberdisteln weit geöffnet, bei feuchtem, regnerischem Wetter und in der Nacht schließen sie sich und schützen so die Blüten vor Nässe und Kälte. In den Gewebeschichten der trockenhäutigen Hüllblätter entstehen durch Luftfeuchtigkeit, Wärme und Licht Spannungsunterschiede, die das Öffnen und Schließen der Blütenköpfe bewirken. Die Pflanze ist daher geradezu ein Luftfeuchtigkeitsmesser. Eine tiefe Pfahlwurzel verankert sie im Boden. – **Standort:** Steinige Hänge, magere Wiesen und Weiden auf kalkhaltiger Unterlage. Sie wächst zwischen 800 und 2600 m (Montane bis Alpine Stufe). – **Verbreitung:** Ziemlich häufig in ganz Mitteleuropa. – **Volksnamen:** Eberdistel, Eberwurz, Jägerbrot, Wiesenkas, Alpenkas, Barometerdistel, Frauendistel, Wasserwurz, Karlsdistel. –

Im Mittelalter stand die Silberdistel als Heilpflanze in hohem Ansehen. Heute noch wird sie in der Volksheilkunde als harntreibendes Mittel (»Wasserwurz«), als Wundkraut und als Wurmmittel verwendet. Wirksame Inhaltsstoffe sind Inulin, Gerbstoffe, Harz und Lab-Enzym, sowie ein ätherisches Öl. Der fleischige Blütenboden wird von Kindern gerne gegessen und schmeckt gekocht ähnlich wie Artischocken (»Jägerbrot«, »Alpenkas«). Der Name Eberwurz geht auf ihre Verwendung bei Schweinekrankheiten zurück, der Name Karlsdistel auf eine Sage, nach der Kaiser Karl im Traum die Wetterdistel als Mittel gegen Pest empfohlen wurde. Auch Zauberkräfte schrieb man ihr zu und selbst Paracelsus berichtet davon, daß sie die Kraft von Mensch und Tier anziehe und auf den Besitzer der Wurzel übertrage. Im Salzburger Land wird sie auch heute noch zu einem etwas unheimlichen Orakel benützt: In der Sonnwendnacht gräbt man soviele Wetterdisteln aus, als Hausbewohner sind und setzt sie entlang der Hauswand ein. Das Verdorren der Pflanzen zeigt dann den baldigen Tod der Hausgenossen an.

Abgebildete Pflanzen

Deutsche Namen

Lateinische Namen